ART ENCYCLOPEDIA

高高 BOOKS

艺术百科

给孩子的

中外建筑史

小书虫读经典工作室　编著

天地出版社 | TIANDI PRESS

图书在版编目（CIP）数据

给孩子的中外建筑史 / 小书虫读经典工作室编著. 一成都 ： 天
地出版社，2020.5
（艺术百科）
ISBN 978-7-5455-5389-5

Ⅰ. ①给… Ⅱ. ①小… Ⅲ. ①建筑史－世界－青少年
读物 Ⅳ. ①TU-091

中国版本图书馆CIP数据核字（2019）第283408号

GEI HAIZI DE ZHONGWAI JIANZHU SHI

给孩子的中外建筑史

出 品 人	杨　政	
编　　著	小书虫读经典工作室	
责任编辑	李　蕊　江秀伟	
装帧设计	高高国际	
责任印制	董建臣	

出版发行	天地出版社	
	（成都市槐树街2号　邮政编码：610014）	
	（北京市方庄芳群园3区3号　邮政编码：100078）	
网　　址	http://www.tiandiph.com	
电子邮箱	tianditg@163.com	
经　　销	新华文轩出版传媒股份有限公司	

印　　刷	北京盛通印刷股份有限公司	
版　　次	2020年5月第1版	
印　　次	2020年5月第1次印刷	
开　　本	700mm×1000mm 1/16	
印　　张	15	
字　　数	240千字	
定　　价	49.80元	
书　　号	ISBN 978-7-5455-5389-5	

厚植沃土——在知识与知识之间

序一

　　高品质的图书是精良的知识补给，对于基础教育至关重要。它应该是客观的、开阔的、系统性的。这套艺术百科系列丛书内容翔实，不仅涵盖了中国和外国的绘画史、文学史等基础内容，亦包括关于中国书法史和中外音乐史、建筑史、戏剧史等别具一格的分册。

　　系统的知识构成，体现出教育认知的深度。各分册之间的内在关联，则凸显出丛书的科学性和计划性。在这套丛书中，各门类知识之间不仅环环相扣，更是相互嵌套的。知识之间的这种线性链接和复合交错的双重属性，就是知识的基础结构，它是促成人类自主认知机制的内在支撑。比如丛书中《给孩子的外国美学史》与《给孩子的外国绘画史》就是这种链接关系，美学史与绘画史之间，既是抽象和具体的关系，亦是文本和现实的对照。

　　精良的知识系统具有复合性。各知识门类之间彼此交叉、互为成全。建筑、戏剧等具有空间属性的艺术，本身便是社会现实的写照，体现了人类在自然条件下开拓和营造空间的能力。它既得益于知识之间的相互结合，又是孕育新知识的母体。建筑艺术就是这方面的典型，它一方面依赖于知识的综合性，一方面又营造了知识生产的文化生态，成为新知识培育和娩出的子宫。丛书中的分册《给孩子的中外建筑史》着实令我欣喜，这俨然显示出一种气象不凡的新型知识格局。

　　优质的系列丛书具备均衡性。就公民美育的目标而言，大美术是一个富于活力的概念，它为整体素质的提升创造了更为丰富的成长路径和进步空间，对处于启蒙阶段的儿童以及思维养成阶段的少年而言更是如此。美育的入道，理应多元并举、触类旁通。语言文学和视觉艺术之间存在贯通的可能性，听觉艺术和视觉艺术之间也具有内在关联。不同的感官是人类认知世界的通道和媒介，我认为所有感官的开启和闭合都是阶段性的，令我们得以交替运用不同的方式去认知世界。因此，我们需要从小关照各种感官，启发、呵护、培植它们，令它们保持开启的可能性与敏感性，以便伺机而生、临机而动。

在一个人思维模式的形成过程中，理性思维是认知基础和养成目标，但感性思维亦不可或缺。理性主宰着思维方式，感性则关乎灵气。文学、美学、艺术以及建筑领域的经典个案，皆渗透着情感的力量。每一种知识体系的形成都历经了漫长的演变过程，这就是历史。历史学习之所以重要，就在于理性观摩的积淀，以及感性思维的导向，由此，我们可以看到一种理性与感性反复交织的自生模型，并深得裨益。

苏 丹

清华大学艺术博物馆副馆长、清华大学美术学院教授

2020 年 3 月 4 日于北京·中间建筑

有艺术滋润的生活才快乐

序二

在人类历史的漫长岁月中，艺术一直伴随着人们的生存和发展。数千年来，不同地区、不同生活生产方式下的人们，无不拥有着各自不同形式的艺术。文学、戏剧、音乐、绘画、建筑、美学等艺术形式，不仅记录了人类自身的生产实践，更表达着他们代代相传的丰富想象力及对理想信念、品德智慧的情感追求。

文化艺术活动反映人们的精神世界，是人类生活表象背后的精神轨迹，也是人类社会的内涵和价值取向。审美生活是人类生活中最高贵的形式，没有艺术滋润的生活是不快乐的。"仓廪实而知礼节、衣食足而知荣辱"是中国古人留给我们的箴言。子曰："志于道，据于德，依于仁，游于艺。"蔡元培先生认为，美育是最重要、最基础的人生观教育，"所以美足以破人我之见，去利害得失之计较，则其所以陶养性灵，使之日进于高尚者，固已足矣"。文化艺术是人类情感精神活动的结晶，是人类的最高境界和生活方式。这种超越物质生活的精神层面之自由天地，就是文化艺术存在的重要意义。

在当今中国的社会生活中，孩子们学琴、学画画儿，参加各种艺术活动已非常普遍。为了提高学生的美育水平，社会、学校都有明确的目标要求和行动落实。未来中国，文化生活将会变得越来越必需，越来越重要。引导孩子们从小了解、速览各门类艺术史，借此在潜移默化中提升气质修养、凝聚精神力量、积累学识认知可谓至关重要。

这套给孩子的艺术百科全套十本，包括文学、戏剧、音乐、绘画、书法、建筑、美学等各艺术门类，知识性、专业性很强，但又并不枯燥难懂。每本看似体量不大，却是对该艺术门类发展史的高度概括和简述，直观清晰。古今中外，人类文明发展过程中曾对人的精神产生过重要影响的各种艺术形式、观点、环节、人物、作品如同被卫星定位和导航般，在此一下子轮廓尽收，路径显现。

把数千年来的专业知识用通俗易懂的方式介绍给孩子们不是件容易的事。这不是一个简单的"浓缩历史"的工作，而是一项长期且艰难的系统工程。编者需要付出极大的耐心和做出大量的案头工作，必须分门别类，撷取精华，去伪存真，突出特点；同时还要各门类间互为参照补充，遥相印证，准确表达。孩子们通过阅读这套艺术简史，可以了解、掌握必要的"打底"知识，从而理解人类精神情感生活来源的方方面面及发展脉络，可开阔视野，增长见识，激发情趣，进而通过艺术理解生活，实属开卷有益。

还应该引导孩子们通过阅读这套书，发现这样一个现象：每当世界有了新的技术和情感记录方式时，文学艺术的创作风格就会另辟蹊径。所谓从物质文明到精神文明的飞跃恰恰体现于此，而为什么说文化是现代社会的核心价值观和竞争力，也体现于此。

孩子们通过图文并茂的阅读熟悉了历史的内涵、有了坐标之后，再去博物馆、美术馆、大剧院、音乐厅，感受、印证、共鸣一番，大量知识自然会轻松理解，终生难忘……

我离开大学 30 多年了，读了这套简史，又重温了一遍人类文明进程中的许多重要故事，收获颇丰，感慨良多。我觉得这套简史就是奉献给孩子们学习的精美甜点，如开启智慧的方便法门。不光对孩子们有帮助，同时也可供大人和孩子一起读，交流分享读书感受，老少皆宜，裨益生活。

安远远

中国美术馆副馆长

2020 年 3 月 10 日于中国美术馆

中国建筑

第一章　土木相生：从低矮洞穴到巍巍宫殿

在原始社会，我们的祖先从穴居开始，逐步掌握了建造地面房屋的技术，建出了原始的木结构房屋，满足了基本的居住要求。进入奴隶社会后，随着奴隶数量的增多，再加上青铜工具的使用，供统治者使用的宫殿、宗庙拔地而起。为了营造至高无上的威严感，宫殿往往建筑在夯土高台之上。

第二章 虽死如生：帝王的地下世界

在古代，埋葬死人的地方被称为墓，而帝王之墓被称为陵。在古人的眼中，人死后，身体虽会腐烂消失，但人的魂魄会去一个名叫"阴间"的地方。在那里，人同样也有衣食住行等需求。帝王在生前是"天之子"，死后也要将生前的荣耀与富贵带到地下，于是产生了中国古代特有的厚葬制和陵墓建筑群。

第三章 出尘入世：阿弥陀佛的殿堂

佛教自传入中国后，渐渐得到民众的信仰，加上统治者的扶持，佛教最终与中国本土文化相融合，成为具有中国特色的宗教。伴随着佛教的兴盛，佛教建筑也被大量建造出来，魏晋南北朝以及唐代是佛教建筑发展的两个高峰时期，佛寺、佛塔、洞窟是其中最具代表性的佛教建筑。

第四章　天人合一：以假乱真的山水园林

园林是指被人为改造或创造的自然风景，供人们游览、休息之用。有山有水是中国园林的最大特色，意在追求人与自然的完美结合，力求达到人与自然的高度和谐，实现"天人合一"。

外国建筑

第五章　金字塔：法老灵魂的皈依之所

古埃及建筑艺术的代表作品就是墓葬建筑，古埃及最早出现的具有一定规模的墓葬建筑"玛斯塔巴"，就是板凳的意思。后来，法老左塞尔创造性地将"玛斯塔巴"叠放，阶梯式的金字塔就出现了。阶梯式金字塔经过漫长的演化，形成了我们现在看到的经典形状的金字塔，金字塔的巅峰之作吉萨金字塔群也成了埃及的象征。

第六章　神庙与人：古典时代的建筑遗迹

古希腊的建筑布局及宏伟和谐的建筑风格都为之后的西方建筑奠定了古典风格的基调。而古罗马是当时世界上最大的帝国，繁荣强盛，无人能及。希腊和罗马的建筑风格反映了他们各自的生活和文化，两者对后来建筑的发展影响至今。

第七章　传承与创新：意大利与英国建筑

意大利位于古罗马帝国的核心地带，在文化上秉承了古罗马帝国的传统，建筑方面也不例外，无论是古希腊、古罗马时代的古典风格，还是中世纪的哥特风格，意大利都贡献了最伟大的作品。英国有悠久的历史、深厚的文化，是一个古老的国家，同时它又锐意创新、勇于探索，成为世界上第一个君主立宪制国家，以及第一次工业革命的主导者。英国的建筑同它的历史一样，尊重传统，勇于尝试。

第八章　虔诚与浪漫：法国与德国建筑

法国是哥特式建筑和新古典主义风格建筑的发源地，随后法国将这种影响力扩大到整个欧洲，尤其是哥特式建筑，一度风靡欧洲各国。德国建筑如同德意志民族的性格，重视设计，重视质量，重视功用，激情中不失理性。德国的教堂建筑无论是哥特式、巴洛克式，还是罗马式、古典主义风格，都有伟大的作品。

第九章　混搭民族风：西班牙与俄罗斯建筑

西班牙的历史在欧洲比较独特：这里曾被罗马人和哥特人先后统治了上千年，后来又被伊斯兰统治了近8个世纪。后来西班牙人夺回了自己的领地，从而使西班牙建筑在欧洲传统中掺杂了伊斯兰和本民族的风格，这使得西班牙建筑在欧洲变得独一无二。

俄罗斯处于东西方文化交融之地，从而使俄罗斯的建筑具有与东西方不同的独特的风格和魅力。

第十章　美洲：印第安人的家园

美洲是印第安文明的发源地，先后出现了玛雅文明、阿兹特克文明和印加文明，他们先进的文化和生产技术让世界震惊。如今这些古文明已经伴随着无数疑问消失，留给世人的唯有那些伟大的建筑。这些古城、金字塔、神庙宏伟壮观又神秘诡异，富有强烈的宗教性，又处处体现出古人对科学知识的掌握程度，尤其是在几何和天文方面，看似巧合却总是契合，让人着迷。

第十一章　信仰与死亡：雅利安人的建筑空间

古印度是世界四大文明古国之一。这里是佛教和婆罗门教的发源地，历史上还曾受伊斯兰教统治，所以宗教建筑派别众多，风格多样，其中带有伊斯兰风格的泰姬陵更是成为印度乃至东方建筑的标志。东南亚地区建筑受印度影响很大，佛教建筑众多，有宏伟壮阔、被精美浮雕覆盖的吴哥窟，有用 225 万块石头堆砌成的婆罗浮屠塔，还有用 7 吨黄金装饰的仰光大金塔。

中国建筑

第一章

土木相生：
从低矮洞穴到巍巍宫殿

在原始社会，我们的祖先从穴居开始，逐步掌握了建造地面房屋的技术，建出了原始的木结构房屋，满足了基本的居住要求。进入奴隶社会后，随着奴隶数量的增多，再加上青铜工具的使用，供统治者使用的宫殿、宗庙拔地而起。为了营造至高无上的威严感，宫殿往往建筑在夯土高台之上。

上：【图1】 北京猿人生活场景复原图
下：【图2】 干阑式建筑复原图

从山洞到房屋

　　我国境内迄今发现的最早的人类是元谋人，其次是北京猿人，北京猿人距今大约有 70 万年。他们的生活方式是白天制造工具、采摘果实、猎取野兽，晚上回到山洞里休息（图 1）。这些山洞都是天然洞穴，所以现在也称这种居住方式为"穴居"。这样的洞穴在北京、辽宁、贵州等地都有发现，也证明了这是早期人类的主要居住方式。

　　经过漫长的岁月变迁后，我国广大地区进入原始社会晚期——氏族社会。这个时期的建筑方式发生了很大改变。现今，人们考古时发现了大量氏族社会时期建造的房屋遗址。由于各地气候、地理、材料等条件的不同，这些建筑的方式也多种多样，其中最具代表性的房屋遗址主要有两种：一种是分布于长江流域潮湿地区的干阑式建筑（图 2），另一种是黄河流域的木骨泥墙房屋。

　　干阑式建筑是一种底部架空，高出地面的房屋，是由巢居发展而来的。这是中国古代一种非常独特的建筑样式，不但可以防范野兽侵袭，还有利于通风、防潮，因此，很适合在潮湿多雨的中国西南部亚热带地区建造。这种建筑主要分布在我国广西、贵州、云南、海南、台湾等地区。长江流域干阑式建筑的典型代表是浙江余姚河姆渡遗址。河姆渡人，距今约有七千多年，是生活在长江下游的古人类。目前遗址中发掘出的一处木架建筑遗址，长约23 米，纵深约 8 米，据推测原来应是一个体积很大的干阑式建筑。另外，值得一提的是，河姆渡人建造的房屋是我国已知的最早采用榫卯技术建造的木

【图 3】 半坡遗址复原场景

结构房屋。

黄河流域的木骨泥墙房屋是由穴居发展而来的。黄河流域遍布丰厚的黄土层，土质中含有石灰质，墙壁不易倒塌，很适合挖作洞穴。因此，在黄土崖壁上挖穴而居是这一地区普遍的居住方式。随着原始人不断积累建造经验和技术，地面上的木骨泥墙房屋便渐渐取代了窑洞式的穴居。原始社会晚期，黄河中下游经历了仰韶文化和龙山文化两个时期。这两个时期的房屋所呈现的建筑方式略有不同。

仰韶文化时期的氏族已经开始过定居的农耕生活。这一时期，房屋外形主要是长方形和圆形的，房屋内部已经有了隔开的房间，墙体是木骨架上扎枝条再涂上泥做成的。室内通常支有几根木柱，用来支撑屋顶中部的重量。同时，屋顶上还设有排烟口，用来排除室内烧火的坑穴中产生的烟雾。现今在陕西西安发现的半坡遗址（图3）就属于这种建筑方式。半坡遗址呈椭圆形，北面是墓地，南面是居住区，东北面是陶器窑场。居住区内的房屋共有45座，分为两片区域，有一定的布局。

龙山文化时期半穴居的住房遗址中，出现了两个房间相连的套间。套间平面的分布就像一个"吕"字，分为内室和外室，有这种布置可见那时人们已经开始了以家庭为单位的生活。内外室都有烧火的地方，可以烧饭和取暖。外室还设有地窖，以贮藏生活物资，这说明这时的人们已开始有私有财产了。此时，建筑技术也有所进步，为了使室内看起来干净、明亮，地面上都涂抹了一层坚硬的白灰。其实，这种技术在仰韶文化时期就已有应用，但是真正得到推广是在龙山文化时期，且是以人工烧制的石灰为原料的。另外，属于龙山文化的河南安阳后冈的房屋遗址中，还发现了土坯砖；山西襄汾陶寺村的房屋遗址的白灰墙面上出现了刻画的图案，这是目前我国已知最早的室内装饰。

祭祀是原始人非常重要的活动，因此在原始社会文化遗址中，祭坛、神庙这种向神表达敬意的建筑也很常见，比如在浙江余杭区发现的两座用土铸成的长方形祭坛，内蒙古和辽宁分别发现的三座用石头堆成的或方形或圆形的祭坛。这些祭坛都位于山丘上，远离居住区，可能是几个部落共同用来祭祀天地神或农神的。

在辽宁西部建平县内的一个山丘顶部，发现了一座神庙遗址，这是目前我国发现的最古老的神庙。据推测，神庙在修建时，先在原来的地基上挖好室内地面，然后用木骨泥墙的方法建造墙体和屋顶。神庙室内的墙面上还发现了由赭红和白色组成的几何图案装饰。原始先民们为了表达对神的虔敬之心，将装饰艺术融入建筑当中，促成了建筑发展的一大飞跃，促进了建筑艺术向更高层次的发展。

龙山文化时期，部落聚居区周围筑有土墙的现象已经十分普遍，土墙可以防御外敌入侵，提高防卫能力。由此可见，随着私有制和阶级出现，城市正在慢慢萌生。

榫卯

榫卯是一种利用凹凸结合连接木构件的方式（图4），凸出部分为榫（或榫头），凹进部分为卯（或榫眼、榫槽）。这种连接方式在我国古代一些家具和木制器械上非常常用。就是到了现代，家具中也常见这种结构方式。

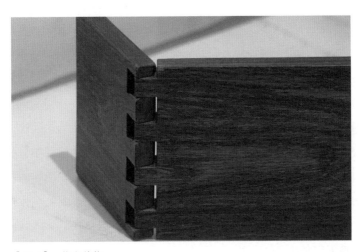

【图4】 榫卯结构

宫殿组队出现了

夏朝是中国历史上的第一个王朝，从此中国进入奴隶制社会，在建筑形式上开始转向宫殿式建筑。但因为还未出现夏朝的可靠的文字证据，所以对已经发现的遗址，究竟哪些是属于夏文化的，考古学界至今还没有统一的结论，比如河南登封的王城岗古城遗址、山西夏县古城址，至今尚未确定到底是夏朝遗址，还是原始社会末期遗址。

1960 年，考古学家在河南偃师二里头遗址（图 5）中，发现了一处规模宏大的宫殿遗址，该遗址应属于夏朝统治时期。这是目前我国发现的时间最早的宫殿建筑遗址。据文献记载推测，这是一座水平方向有八间，纵深方向为三间，用木骨泥墙的方式建造的木构宫殿建筑。遗址中，大大小小的宫殿多达数十座，其中规模最大的一处宫殿位于二里头遗址中部。其残存的台基近似方形，由黄土筑成，比周围的平地高出约 80 厘米。台基东西长 108 米，南北宽 100 米，四周有一圈回形走廊。走廊南面正中处有一个很大的缺口，估计是这座宫殿的入口。台基北面的正中间有一块长方形台面，是殿堂的基座，基座上有一圈底部以卵石为柱础的柱洞。为了将宫殿内外隔绝开，宫殿大门外东西两侧建了一圈廊庑——带房间的走廊。廊庑的修建突出了殿堂的主体地位，同时也加强了宫殿殿堂、庭院和门的联系，使整座建筑层次分明，颇为壮观。这座宫殿反映了我国早期封闭庭院的样貌。在二里头遗址的另一座殿堂遗址中，廊院的建筑更为规整。在夏朝末期，我国传统的由众多院落

9

【图 5】　二里头遗址一号宫殿复原模型

组合的建筑群样式逐步确定下来。

商朝建立于公元前 16 世纪，是我国奴隶社会的大发展时期。目前已经发现的商朝遗址中，出土了大量商朝青铜器、兵器、生活工具，还有刀、斧、铲、钻等生产工具。这说明商朝时，青铜工艺已经非常纯熟，手工业已经有了明确的分工，再加上商朝时大量奴隶劳动力的集中劳作，商朝的建筑水平明显提高。1983 年，我国考古学家在河南偃师发现了一座早商遗址。这座遗址位于二里头遗址以东五六千米处，考古学家认为这里是商朝建立初期的都城——亳（bó）。整个都城分为宫城、内城、外城三部分。宫城建于内城南北方向的中轴线上，外城则是后来在内城的基础上扩建的。目前宫城中的宫殿遗址都是庭院式的建筑，宫殿主体有 90 米长，是早商建筑遗址中，单体建筑实体中规模最大的。

商朝建立之后曾多次迁都，后第十九代君主盘庚（不计太丁）迁至殷地，在殷定都二百七十多年，因此商朝又称"殷"或"殷商"。经考古学家研究，位于河南安阳西北郊小屯村的殷墟遗址就是商后期都城殷的遗址。遗址中发现了大量记载商朝史实的甲骨卜辞，是中国历史上第一个被考古发掘证明为有文字记载的古代都城遗址。这座都城沿流经安阳的洹水（现名安阳河）而建。洹水最曲折处为遗址的正中部，是一座宫殿，宫殿的西部、南部为作坊区，东部、北部是墓葬区，也有些民居和手工作坊零散地分布于此。大部分民居分布在洹水以东和宫殿的西南、东南处。

遗址主体分为北区、中区、南区三部分。北区没有殉葬区，可能是王室居住的地方。中区可能是商朝商议朝政和宗庙的所在地。其基址是一座庭院，沿轴线设有三道门，轴线尽头是一座中心建筑，往下有殉葬区，门址处有五六个手持武器的侍卫以跪姿被葬。南区可能主要是王室祭祀的地方，人畜殉葬区对称地分布于轴线两侧。宫室周围分布了些或长方形或圆形的地下室，那是给奴隶住的。中南二区基址下的奴隶殉葬区，应该是举行祭祀等大型活动中被杀后埋葬的，有些是被排成一排后杀头殉葬的。殉葬人数最多的一座葬区有 31 人。奴隶是奴隶主的个人财产，可以被任意处置，甚至随时可能被杀掉殉葬，这充分体现了奴隶制度的残酷性。

周朝建立后，根据宗法制分封同姓诸侯。各诸侯王在自己的封地上建造自己的都城和城池，因此周朝时城市建设发展迅速。周朝的城市都是以政治和军事为目的建造的。其前期受宗法制的限制，奴隶主内部等级森严，在城市建设上也得到体现。诸侯封地内，最大的城市不能超过王都的三分之一，中等城市不能超过五分之一，小的城市不能超过九分之一。不只城市规模，连城墙修多高，道路修多宽，以及一些重要建筑物的修建都要严格遵循等级制度，否则就是僭越。到了周朝后期，即战国时期，王室衰弱，诸侯强大，各诸侯已经不再遵循这种等级森严的建城法则，出现了很多新兴城市。

周朝以周平王东迁为界分为西周和东周两个时期，东周时又以韩赵魏三家分晋为界分为春秋和战国两个阶段。在陕西岐山的凤雏村发掘出了早期西周建筑遗址，很有代表性。那是一组四合院式建筑，规模不大，却是我国已知最早、最规整的四合院建筑。根据遗址中出土的甲骨文推测，这是一座宗庙遗址。建筑主体为两座院落，前后院用廊子连接，廊子建在两个院子的中轴线上。院落四周围有一圈廊庑，房屋下铺设排水的陶管和暗沟。值得一提的是，遗址中的屋顶已经采用了瓦。瓦一般是由泥土烧制而成，制瓦是在陶器制作的基础上发展来的，有拱形的，半个圆筒形的，还有平的，主要是用来铺设屋顶。凤雏村遗址属于周朝早期遗址，瓦基本上只应用在屋脊和屋檐处，应用比较少。周朝中晚期的遗址中，用瓦的数量就越来越多了，出现了全部用瓦铺成的屋顶，瓦的质量也有所改进。

高台榭，美宫室

到了春秋时期，瓦在建筑中的使用已经相当普遍，山西、湖北、河南、陕西等地发掘的春秋时期的遗址中，发现了大量各式各样的瓦，还有专门放于屋檐前端的瓦当和半瓦当。陕西凤翔的秦雍城遗址中还出土了规格统一的砖和结实而带花纹的空心砖（图6），这说明在春秋时期，我国已经开始在建筑中用砖了。

春秋时期在建筑上的一个重要发展是出现了高台建筑——台榭。台榭主要用于建造各诸侯王的宫室，一般先在城内筑起数座高台，高度在10多米以内，再在上面建造殿堂和居室。山西侯马晋国遗址中发现了一座高7米的夯土台，面积约5600多平方米。夯土是古代的一种建筑材料，指经过加固处理，密度比自然土大，又很少有空隙的压制混合泥块。这样的高台最开始是出于政治、军事需要而建造的，后来也有单纯为享乐而建造的。

战国时期，封建生产关系日益成熟，最终封建制取代了奴隶制。之前专门为奴隶主服务的手工业得以自由发展，从而促进了商业的发展、城市的繁荣。春秋之前，城市的建设多是以政治为目的的，规模不大；到战国时经济文化发达，城市规模不断扩大，城市建设迎来了一个新的高潮。很多诸侯国的都城，如齐国的临淄、赵国的邯郸、魏国的大梁都发展成了大型的工商业城市。比如，战国时期齐国故都临淄的城市遗址，城内街道纵横，铁器作坊和制骨作坊散布各处，就连宫殿周围都有多处作坊。另外，齐国宫殿的遗址

【图6】 秦砖

处仍留有一个高达 14 米的高台。

战国时的很多城市遗址中都留有这样的高台，燕国的大城市下都遗址中目前有大大小小 50 多处。近年，秦国的都城咸阳一座宫殿高台建筑遗址被发掘出来。这座高台呈长方形，高 6 米，面积约 2700 平方米。台上殿堂、居室、回廊、浴室、仓库、地窖高高低低，形成了一组错落有致的建筑群，十分壮观。这组建筑中，寝室有火炕，居室和浴室里有壁炉，地窖可冷藏食物，还设有排水系统，设施齐全，显示了战国时的建筑水平。可见，当时关于"高台榭，美宫室"的记录确实不假。

分封制

西周初年分封诸侯国的目的主要是巩固西周新建立的政权，维护它的统治。早在原始社会向阶级社会过渡的时候，就存在着大大小小的成千上万的部落，一个部落可以说就是一个诸侯国。这些诸侯国相互独立，通过征服或联盟的方式结成国家。相传，大禹治水成功，被推举为王时，前来祝贺朝拜的有"万国"之多，这些部落小国经过夏、商上千年的分化组合之后，到西周灭商时仍然有 1200 个以上。西周建立后，不可能将这些诸侯国一一兼并。那么，如何防止这些诸侯国强大起来威胁西周的统治呢？

西周的统治者想出了自己的办法：一方面，对原来的诸侯国重新进行分封，甚至恢复一些已经灭亡很久的诸侯国来笼络人心；另一方面，把西周王室子弟和功臣也分封到全国各地，以便监视和控制这些诸侯国。据说西周初年周公摄政时一次分封了 71 个诸侯国，其中王室子弟就占了 53 人。这样，西周初年的诸侯国就越封越多了。这些诸侯国当时都很小，便于周王室的控制，对维护西周初年的政治安定的确起到了积极作用，而由此形成的分封制则对中国后世历朝的政治发展产生了深远的影响。

【图7】 阿房宫复原图

阿房宫：天下第一宫

据《史记·秦始皇本纪》记载，秦国在统一六国的过程中，每灭掉一个诸侯国，就会在咸阳北面的山坡上仿造该国宫室。建立秦帝国以后，秦始皇迁徙天下富豪人家十二万户到咸阳居住，并大兴土木，建宫筑殿，还将南边濒临渭水，从雍门往东直到泾、渭二水交会处的殿屋，用天桥和环行长廊互相连接起来。后来，秦始皇觉得都城咸阳人口多，先王的宫室窄小，听说周文王建都在丰，周武王建都在镐（hào），丰、镐两城之间才是集合帝王之气的所在，于是在秦始皇三十五年，即公元前212年，下令在丰、镐之间，渭河以南的皇家园林上林苑中，营造一座新朝宫。这座朝宫便是后来被称为"天下第一宫"的著名宫殿——阿房宫（图7）。

修建之初，这座宫殿没有名字，秦始皇本打算等整座宫殿竣工之后，再正式为其命名。最先开始修建的是前殿，因为是在阿房修筑，所以人们就暂时称它为阿房宫。但是这座宫殿工程实在是太庞大了，尽管十几万苦役每天不分昼夜地辛苦营建，但一直到秦朝灭亡，仍然没有建完。阿房宫这个名称就流传了下来。

阿房宫是秦朝建立以后所建宫殿中规模最大的。经历了两千多年的岁月洗礼，这座辉煌的宫殿，早已没有了当初的雄伟壮观，只剩下些遗迹供后人参详。现今的阿房宫遗址集中区位于西安市未央区三桥镇一带，总面积约15平方千米，主要有前殿遗址、上天台遗址、磁石门遗址等几个部分。

　　我们现在所熟知的历史是，阿房宫被楚霸王项羽一把火化为灰烬。这一历史的主要文献资料依据是司马迁的《史记·项羽本纪》和唐代诗人杜牧写的《阿房宫赋》。但是，考古学家在对阿房宫遗址的考古挖掘中，并未发现焚烧的痕迹，所谓"项羽火烧阿房宫"当是历史误传。其实，《史记·项羽本纪》中记载的只是"烧秦宫室，火三月不灭"，并没有明确地说烧的就是阿房宫。让后人对项羽火烧阿房宫更为深信不疑的是杜牧的《阿房宫赋》。但杜牧写这篇文章意在讽刺当时统治者唐敬宗大兴土木，为了达到反讽的效果，在极度夸大了阿房宫的雄伟壮观之后，又说它被烧成了焦土。后世臣子也都是借秦之喻，讽谏当朝帝王。

长城有多长

春秋战国时期，各国诸侯为了能在敌人入侵时及时通知战事，大量修筑烽火台，又在烽火台之间修建城墙将其连接起来，这就是最早的长城。

秦统一六国后，为抵御匈奴侵扰，秦始皇征用近百万劳动力，把战国时赵、秦、燕、韩等国的旧有长城连接起来，同时又增筑扩充了许多部分，形成了长达 1.2 万里的万里长城。

秦朝以后，我国的历代王朝都根据实际的战争需要在北方不断地修筑长城。因此，长城在每个历史时期的长度是不一样的。据文献记载，长城最长的时代是在汉代，随着汉代对西域控制的加强，长城也在不断地向西延伸，西起新疆、东至辽东的汉长城长度超过 10000 千米，已经有两万里之遥了！我们今天看到的长城主要是明代时期修建的，西起嘉峪关、东至鸭绿江，已经比汉代的长城短了很多，但根据最新的测量数据，依然有 8800 多千米。因此，自秦始皇时代修筑的长城开始，我国历代长城的长度都在万里之上，可以说是古往今来世界上规模最大的人工建筑，被称为"万里长城"是当之无愧的。

"千门万户"建章宫

建章宫建于公元前104年，是汉武帝刘彻建造的宫苑，建成后便成了汉武帝朝会、理政的地方。新莽末年，这组庞大的宫殿建筑毁于战火之中。

建章宫建筑群的外围筑有城墙，宫城中分布着众多不同组合的殿堂建筑，规模宏大，号称有"千门万户"。据史料记载，建章宫里有许多殿阁、楼台，和前代宫阙相比，建章宫的高层建筑很多，从而使得整个宫殿群显得更加危阁参差、高阙入云。汉武帝甚至为了方便往来于未央宫之间，跨城修筑了飞阁辇道，可直通未央宫。另外，建章宫也开创了前宫后苑式的宫苑相结合的形式，对后世的宫殿设计产生了深远影响。

建章宫的南面有宗庙、社稷坛等礼制建筑；西面是范围广阔的上林苑。上林苑本为秦始皇所建，汉武帝时予以扩建。上林苑中有宫殿30多处，还在苑中挖了昆明池，从西南引池水入城，经昆明池后向东流出城，流出城的水最后注入郑渠，和黄河相通。昆明池可作为城市供水和漕运用的水源，甚至可以在其中训练水军船只。这样的设计既方便水路运输，又可以供农业灌溉，是一举数得的蓄水、引水工程。

现在的建章宫遗址位于西安的高堡子村和低堡子村一带，也就是汉长安城的上林苑中。遗址范围达7千米，今地面尚存的有前殿、双凤阙、神明台和太液池等遗址。

前殿遗址位于高堡子村，现在残留于地面的仅剩高大的夯土台基，地面

【图8】　印有"长乐未央"的汉代瓦当

上还有巨大的柱础石。遗址中发现了西汉常见的建筑材料，如铺地方砖和印有"天无极"、"长乐未央"（图8）字样的瓦当等。另外，还有一块长方形的青灰色带字砖，上有"延年益寿，与天相待，日月同光"十二个字，砖为长条形，由陶土制成，两侧边稍微倾斜，上有圆孔。

双凤阙遗址位于双凤村东南，是建章宫的东门，距离建章宫前殿有700米。因门上装有两只十分高大的鎏金铜凤凰而得名双凤阙。西汉末年，双凤阙毁于战火，现在只能看到一座宫门形状的夯土台。

神明台又名承露台，为汉武帝在公元前104—前100年修建，是建章宫中最为壮观的建筑物。台高50丈，台上立有巨型的铜铸仙人。仙人手托一个直径27丈的大铜盘，盘内有一只巨大的玉杯，玉杯是用来承接天上洒下来的露水的，故名"承露盘"。汉武帝刘彻慕仙好道，认为露水是天赐的"琼浆玉液"，喝了可以延年益寿，得道成仙。在《三辅黄图》引《庙记》中记载：
"神明台，武帝造，祭仙人处，上有承露盘，有铜仙人，舒掌捧铜盘玉杯，以
承云表之露，以露和玉屑服之，以求仙道。"汉武帝非常迷信，相信在高入九
天的地方可以和神仙为邻，聆听神旨，因此在神明台上还设了九室，象征九
天，里面住有百余巫师，替他和神仙沟通。

神明台保存了三百多年，魏文帝曹丕在位时，承露盘还在。文帝定都洛
阳，想把它也搬到洛阳去。可是，铜盘太大了，一搬动就断裂了，据说铜盘
断裂声音巨大，传至数十里。后来，人们勉强将铜盘搬到灞河边，因实在太
重再也无法向前挪动，最终丢弃而不知去向。如今的神明台遗址位于六村堡乡
孟家村东北角，历经两千多年的风吹雨打，现仅存一大块千疮百孔的土基。

太液池遗址位于高堡子、低堡子村，在建章宫前殿西北部，象征北海。
太液池占地10顷，有沟渠将昆明池水引来，是一个面积宽广的人工湖。北岸
有人工雕刻的石鲸，长3丈、高5尺；西岸有3只石鳖，长6尺，池中还有
各种石雕的游龙、珍禽和异兽。据《三辅故事》载："池北岸有石鱼，长二
丈，广五尺，西岸有龟二枚，各长六尺。"池中置有鸣鹤舟、容与舟、清旷
舟、采菱舟、越女舟等各种游船。为了求仙得道，汉武帝在池中建了一座很
高的渐台，并筑三座假山以象征蓬莱、方丈、瀛洲三神山。三神山的传说源
自先秦记录神仙传说的古籍《山海经》，从汉武帝开始，将这一传说应用到宫
廷苑囿的水面布局，形成了"一池三山"的模式。这种布局对后世影响深远，
直到明清时期仍然不绝，如位于故宫、景山西侧的西苑（三海），建有琼华、
水云榭、瀛台三岛；圆明园西边的清漪园（现为颐和园）中，昆明池里建有
南湖岛、藻鉴堂岛、治镜阁岛三洲等。

大唐的心脏——大明宫

大明宫（图9）是唐代的皇宫禁苑，位于唐代都城长安的东北部。原本大明宫是唐太宗李世民为安置自己的父亲李渊而修建的，但是还未等修建完成，李渊就去世了。到后来，大明宫成了唐代帝王起居和听政的地方。由此，大明宫也成了唐王朝的政治中心和唐代的象征。大明宫在长安城的高地，站在大明宫居高临下，甚至可以看到长安城的街景。

大明宫总体可分为前朝和内庭两部分，前朝的主要作用是朝会，内庭的主要作用是居住和宴游。大明宫的正门是丹凤门，以北主要宫殿有含元殿、宣政殿、紫宸殿、蓬莱殿、含凉殿和玄武殿，它们都分布在一条贯穿南北的中轴线上，宫里的其他建筑，也大致是沿着这条轴线分布的。

在含元殿前东西两侧，有名叫翔鸾、栖凤的两个阁楼，和一条与平地相连通的龙尾道。经过考古发掘得知，含元殿是一座有十几间屋子的殿堂，殿阶全部为木质。殿前的龙尾道是一条长70多米的坡道，用来供臣子们登朝临见，坡道共有7折，远远看去就好像一条龙尾，这条道也因此而得名。在含元殿以北，有宣政殿和紫宸殿，与含元殿都位于宫城的中轴线上。宣政殿是皇帝临朝听政的地方，紫宸殿则是内朝的正衙，群臣入紫宸殿朝见，称为"入阁"。

玄武门是大明宫北面的正门，现今的遗址已经模糊不清，根本看不出门的形状。后来在发掘中发现，玄武门只有一个门道，两侧为夯土门楼基座，

【图9】 鸟瞰大明宫

周围为砖砌的墙壁。门南面两侧铺设莲花方砖，连接着门道的砖壁。整个玄武门的基座是梯形的，下大上小。门道中间有一道石门槛，门槛非常光滑，主要是为了方便过车，门槛上还有两道2米宽的车辙沟。根据车辙沟的磨损情况可以看出玄武门的车流量比较大，门槛内外的路上还可以清楚地看出车辙沟痕。据史料记载，这里曾驻扎重兵。当年唐太宗李世民就是在玄武门附近发动了"玄武门之变"，杀死了太子李建成和齐王李元吉，最终继承皇位。

据考古发掘推算，大明宫的面积大约为北京紫禁城的四倍，也就是相当于三个凡尔赛宫或十二个克里姆林宫或十三个卢浮宫或五百个足球场，这足以看出大明宫规模之大。站在今天的大明宫遗址上，依然可以感受到当年大唐盛世的繁华与气魄。

流水的王朝，铁打的故宫

　　1402 年，明代开国皇帝朱元璋第四子燕王朱棣攻破京城南京，夺取帝位，即明成祖，第二年改元永乐，改北平为北京。永乐四年，明成祖决定迁都北京，于是下令仿照南京皇宫，在元大都宫殿的基础上营建北京宫殿。建成后第二年，明代迁都北京，称北京为京师，南京为留都。

　　故宫（图 10）经历了明清两朝，二十四位皇帝，历经五百多年，是帝后活动、等级制度、权力斗争、宗教祭祀等的核心，更成了明清两朝皇权统治的代名词。故宫又名紫禁城，紫是指紫微垣，也就是北极星，依照中国古代星象学说，紫微垣位于天中央的最高处，位置永恒不变，是天帝所居。因而，天帝所居的天宫称为紫宫。而明成祖是地上的皇帝，是天下的中心，为了表示天人对应，便把他住的地方称为紫禁城。

　　故宫占地 72 万平方米，共有殿宇约 8700 多间，四面环有高 10 米的城墙，南北长 961 米，东西宽 753 米，外围有护城河环绕，约长 3800 米，宽 52 米，构成了完整的防卫系统。故宫都是砖木结构，屋顶铺设黄琉璃瓦，底座为青白石，并用金碧辉煌的彩绘装饰，是目前世界上现存规模最大、最完整的木质结构的古建筑群。

　　太和殿、中和殿、保和殿是前朝三大殿，是政权中心。按照"前朝后寝"的古制，故宫的后半部分就是皇帝及嫔妃生活娱乐的地方，即内廷。前朝与内廷的宫殿以乾清门为分界线。乾清门以南为前朝，以北为内廷。内廷以乾

清宫、交泰殿、坤宁宫，即后三宫为中心，其中乾清宫是皇帝正寝，坤宁宫是皇后的住所，在两宫之间是交泰殿。乾清宫的东西两侧有东六宫、西六宫、乾东五所和乾西五所。这样的布局符合当时的星相学，乾清宫是天，坤宁宫是地，东西六宫是十二星辰，乾东西五所是众小星，这样就形成了一个众星拱卫的格局，目的无非为了突出皇帝的神圣。

乾清宫位于内廷最前面，是内廷正殿，高20米。殿的正中有宝座，上有"正大光明"匾。这块匾在清雍正以后，成为放置皇位继承人名字的地方。乾清宫东西两侧是皇帝读书、就寝的暖阁。西暖阁上下两侧放置27张床，皇帝可随意选择，据说这样设置是为了防止刺客行刺。清代，康熙前，皇帝都是在此居住并处理政务的；雍正之后，皇帝就移居养心殿，但在这里处理政事，批阅奏报，任命官吏和会见臣下。乾清宫周围设置有皇子读书的上书房，有翰林学士值班的南书房。

故宫有四个门，正门是南面的午门，北面是神武门，东面是东华门，西面是西华门。

午门位于紫禁城南北轴线，是紫禁城正门，居中向阳，位当子午，因为

【图 10】 故宫

名为午门。午门东西北三面环绕着 12 米高的城台，形成一个方形广场。北面是庑殿顶的门楼，东西城台上各有十三间殿屋，依次从门楼两侧向南排排列开，好像大雁的翅膀，因此也称"雁翅楼"。东西雁翅楼南北两端的四角，各有高大的角亭，与正殿呈辅翼之势。这种门楼称为"阙门"，是中国古代形制最高的大门。午门气势威严，好似被三山环绕，中间突起五峰，非常雄伟，因此也称"五凤楼"。

午门从南面看有三个门洞，但实际上有五个门洞，在东西城台的里侧，还有两个掖门。这两个掖门分别向东、向西伸进地台，再向北拐，从城台北面出去，因此在午门的背面，就能看到五个门洞了，这就是古人认为吉利的"明三暗五"的形式。这几个门洞中，中间的正门平时只供皇帝一人出入，皇后可以在大婚时进一次，科举考试的前三甲状元、榜眼、探花可以从此门走出一次。剩下的东侧门是供文武大臣进出的，西侧门是供宗室王公出入的。边上的两个掖门平时不开，只有在举行大型活动时才开启。午门是皇帝下诏书，下令出征，彰显皇威的地方。宣读皇帝圣旨，颁发年历书，文武百官都要在午门前广场集合听旨（图 11）。民间有"推出午门斩首"的传言，这其

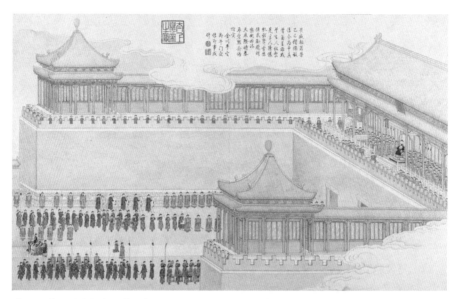

【图11】　（清）徐扬《平定两金川战图册之午门献俘》

实是以讹传讹，明清皇宫门前极为森严，绝不会在此处决犯人，必须要押往柴市（今北京西四）或是菜市口等地专门的刑场行刑。

　　神武门是故宫的北门，也是一座城门楼形式，殿顶是最高形制的重檐庑殿式屋顶，但是它的大殿左右两侧没有伸展出来的殿屋，在级别上要比午门略低。神武门明代时名为"玄武门"。青龙、白虎、朱雀、玄武为古代传说中的四神兽，各主一个方位，其中玄武主北方，因此帝王宫殿的北宫门多取名"玄武"。清代至康熙帝时，因避康熙"玄烨"的名讳，改名"神武门"。神武门是宫内日常出入的门禁，现神武门为故宫博物院正门。

　　东华门与西华门分别在故宫东西两侧，遥遥相对。东华门与西华门城台为红色，城台上建有城楼，黄琉璃瓦屋檐，平面呈长方形。这两座门在形制上属同一个级别，门外都设有下马碑石，白玉须弥座，门上有三座圆拱形小门，门洞外方内圆。

　　故宫四门中，午门、神武门、西华门的门钉规制相同，都是"横九纵九"，寓意九九归一，代表皇权至高无上。但是东华门与其他三门不同，是"横九纵八"，有七十二颗门钉。古人认为奇数为阳数，九则是阳数，二则是阴数，皇帝死后其灵枢从东华门运出，因此也俗称"鬼门"。

故宫是几百年前劳动人民智慧的体现。它的布局严整，用形体变化、高低起伏的手法去体现封建社会的等级制度，一砖一瓦都在宣示皇权的至高无上，同时，形体虽然多变，却还能兼顾平衡和谐，不管是设计还是建筑，堪称一个无与伦比的杰作。

天坛

天坛是明成祖朱棣迁都北京后，仿照南京形制修建用于祭天地的场所。自建成后，每年冬至、正月等时节，帝王都要带领群臣来天坛举行祭祀仪式，祈祷皇天保佑，五谷丰登。这个传统一直延续到清代。

天坛建筑布局呈"回"字形，分内坛、外坛两大部分，中间有墙垣相隔。最南的围墙呈方形，象征地，最北的围墙呈半圆形，象征天，寓意天圆地方；北高南低，表示天高地低。内坛有一条南北向的轴线，天坛的主要祭祀建筑集中在内坛中轴线的两端。中轴线以南有圜丘、皇穹宇，用于祭天；以北有祈年殿、皇乾殿，用于祈谷。这两组建筑被一条南北贯通、南低北高的甬道——丹陛桥连接。坛内还有巧妙运用声学原理建造的回音壁、三音石、对话石等。

由此可见，中国古代建筑工艺的水平已经相当发达了。

第二章

虽死如生：帝王的地下世界

在古代，埋葬死人的地方被称为墓，而帝王之墓被称为陵。在古人的眼中，人死后，身体虽会腐烂消失，但人的魂魄会去一个名叫"阴间"的地方。在那里，人同样也有衣食住行等需求。帝王在生前是"天之子"，死后也要将生前的荣耀与富贵带到地下，于是产生了中国古代特有的厚葬制和陵墓建筑群。

【图12】 秦始皇陵兵马俑

秦始皇的地下宫殿

秦始皇陵位于今陕西省的骊山北麓，是中国历史上第一个皇帝秦始皇嬴政的陵墓。陵园建于公元前247—前208年，主要由当时的丞相李斯主持规划设计，本着秦始皇死后同样享受帝王的功业和荣华的原则，仿照秦国都城咸阳的布局修建。工程耗时长达39年，规模浩大，气势宏伟，首开封建统治者奢侈厚葬的先河，是中国历史上著名的皇帝陵园之一。

秦始皇陵的总体建筑布局分为内外城两部分，内外城中包含封土、地宫、陪葬墓、陪葬坑等建筑物，整个陵园以陵冢为核心向四周扩散。陵区内探明的大型地面建筑为寝殿、便殿、园寺吏舍等遗址。

陵园的内外城又分内、中、外三个部分。内层包含地宫，用来安放秦始皇遗体，以及死后的他起居休息的殿堂和储备日常用具的库房；中层主要安放的是供帝王在地下赏玩游乐的场所；外层分布的则是著名的兵马俑坑，还有模仿宫廷马厩苑而建的数百座小型马厩坑，在外城西侧还有石料加工场、砖瓦窑场及修陵人墓地等。

秦始皇陵地宫中心是"玄宫"，玄宫其实就是地下宫殿，安放的是秦始皇的棺椁，为陵墓建筑的核心。据《史记·秦始皇本纪》记载，秦始皇陵挖到了有泉水的地方，然后熔铜浇铸。墓室中修建了宫殿楼阁，其中遍布奇珍异宝，安排了百官觐见的位次。墓室穹顶上用宝石明珠装饰，象征着天上星辰；下面按照山川河流的地形，灌注了水银，喻指奔流不息的江河大海，墓室内点燃着用鱼油制成的照明灯，可以"长明不息"。

秦始皇陵地宫内部安设了相当严密的防盗系统。相传，地宫周边填了一层很厚的细沙，形成沙海，使盗墓者无法挖洞进入墓室，这是秦陵地宫的第一道防线。沙海只是传说，但是设有暗箭机关则是有明确记载的。据司马迁在《史记》中记载，秦始皇陵中设有暗弩，盗贼一旦进入就会触动机关，被强弩射死。除了暗弩，陵内还设有陷阱，盗贼即便躲过暗弩，也会掉入陷阱。另外，秦陵地宫中灌注了大量水银，水银蒸发后气体会有毒，也会把盗墓者毒死。

陵墓周围布置了巨型兵马俑（图 12）阵。兵马俑坑内的陶俑士兵都是按照真人比例铸造，仿制的是秦宿卫军。陶俑大概有几万个，有步兵、骑兵、车兵等几个兵种，他们有的手拿弓箭，有的策马前行，有的手持刀戟，像是随时做好了战斗准备。几万个陶俑排列在坑内，十分壮观。还有一个独特的地方就是他们都是面向东方放置。陵墓内的设置，无不体现了这位始皇帝至高无上的权力和威严。

兵马俑坑位于地宫东侧，属于秦始皇陵的陪葬坑。1974 年被当地打井的农民发现，由此埋葬在地下两千多年的宝藏得以面世。兵马俑坑现已发掘三座，俑坑坐西向东，坑内有陶俑、陶马和青铜兵器等陪葬品，还有几万件青铜兵器。另外，陵墓四周有陪葬坑和墓葬四百多个，除了兵马俑坑，还有铜车马坑、珍禽异兽坑、马厩坑等，历年来不断有重要历史文物出土，至今已达 10 万多件。在这些文物中，有一组彩绘铜车马（图 13），由高车和安车组成。它形制巨大、造型逼真、装饰华丽，结构完整，被誉为"青铜之冠"。

地宫的正上方露出地面的部分为封土。封土就是在地面上覆盖着墓室的土丘。这种墓葬形制叫"冢墓制"，是春秋战国之际新出现的。用封土覆盖陵墓，是这种墓葬形制的主要特征。秦始皇陵的封土是用土筑造而成，外观覆斗形，底部近似方型，使整个封土大体上呈四方锥形。顶部略平，中部有两个缓坡状台阶，形成了三级阶梯。封土高 115 米，但是历经两千多年的风雨侵袭后，现还剩 87 米，如今它的上面已被树木植被覆盖，远远望去高耸有如山丘，已形成了一种独特风貌。为了修建封土，秦始皇下令从湖北、四川等

【图13】　彩绘铜车马

地运来建筑材料。为了不让河流冲刷侵蚀陵墓，他还下令改变流经此处的河流的流向。

　　在秦始皇陵区还发现了很多的陪葬墓，近百座。考古工作者曾对一座陪葬墓进行了发掘，共发现7具人骨架，其中女性2人、男性5人，除一女性为20岁左右外，其余6人均在30岁左右。墓主大多身首异处，死于非命。根据专家推测，这些陪葬墓群的墓主很可能是秦始皇的公子、公主及后宫的从葬者。这些墓葬都有棺椁，而且还有一定数量的陪葬物，但这些也不能掩盖他们悲惨的命运。

中国的金字塔——茂陵

汉武帝茂陵，位于陕西西安的茂陵村。茂陵的封土为覆斗形，陵园呈方形。至今东、西、北三面仍有残存的土门，陵墓四周有李夫人、卫青、霍去病、霍光等人的墓葬。茂陵修建时间长达53年，是汉代帝王陵墓中规模最大、陪葬品最丰富的帝陵，被称为"中国的金字塔"。

公元前139年，汉武帝选址当时的槐里县（今陕西兴平）茂乡修建寿陵，故称"茂陵"。据史料记载，茂陵工程浩大，结构复杂，为了修建茂陵，汉武帝从各地征调建筑工匠、艺术大师3000余人，动用全国赋税总额的三分之一，作为建陵和征集随葬物品的费用。茂陵直至公元前87年，汉武帝去世才得以修建完成，工程历时53年。

据现今考古发掘，茂陵陵园共有两圈城墙，在东南西北各有一条墓道，呈"亞"字形，是古代墓葬形制中规格最高的一种。在汉武帝陵园内外发现了陪葬坑四百座，陪葬坑还有大量的陪葬品，并专门设置了为汉武帝守陵的县城茂陵邑。茂陵邑面积超过8000平方米，光是守陵的城池就有这样的规模，可见茂陵之宏伟。此外，还发现了修陵人的墓地，面积约4万平方米，估计埋有几万具尸骨，让人可悲可叹。

汉武帝的梓宫现存于茂陵博物馆，*梓宫就是棺材，汉武帝的棺材是五棺二椁*。五层棺木，是放在墓室后面的棺床上，五棺所用木料，是楸木、梓木和楠木，这三种木料，质地坚硬，都可防潮隔湿，防腐蚀。梓宫的四周，设有四道门，并设有便房和黄肠题凑的建筑。便房其实就是模仿活人居住和宴请的厅堂，是放置墓主生前最为珍爱的物品的地方，为的是死后可以在阴间继续享用。黄肠题凑是指椁室四周用柏木枋堆成的一种墓室结构。黄肠是指黄心的柏木，题凑是指一种摆放样式，即木头的端头都指向内，若从内侧看，四壁都只见木头的端头。汉武帝死后，为他做的黄肠题凑堆叠了一万多根同一尺寸的黄肠木，费了很多人工将表面打磨光滑。

汉武帝死后，入葬梓宫内，口含蝉玉，身着金缕玉衣。玉衣也称"玉匣"，是汉代皇帝和高级贵族死后穿用的丧葬殓服，全部用金属丝线连缀玉片而成，外观与人体形状相同。玉衣体现了穿戴者身份等级，用金线连缀的是给皇帝及部分近臣用的，称为"金缕玉衣"；其他贵族只能用由银线、铜线连缀的，称为"银缕玉衣""铜缕玉衣"。汉武帝身高体胖，他所穿戴的玉衣形体很大，每个玉片上都刻有蛟龙弯凤鱼鳞的图案，世称"蛟龙玉匣"。

汉武帝在位时间长，且在位期间经济繁荣，达到鼎盛，他的随葬品非常多，连活的飞禽走兽都会陪葬，茂陵地宫内充满大量稀世珍宝。茂陵出土的文物有很多，其中比较有名的是鎏金铜马、鎏金银高擎竹节熏炉、错金银铜犀尊和四神纹玉雕铺首。

【图 14】 乾陵

埋了两个皇帝的乾陵

唐乾陵是唐高宗李治和女皇武则天的夫妻合葬陵墓，位于陕西省咸阳市的梁山上，始建于 684 年，706 年加盖。梁山共有三座山峰，乾陵建在海拔最高的北峰上。另两个山峰较低，被称为双乳峰。双乳峰东西相对，中间有司马道（图 14）。

整座乾陵依长安城的格局建造，气势宏伟。从现在的遗址来看，乾陵原本有四个城门，两重城墙，还有宫殿楼阁等很多规模宏大的建筑物。其中四个城门分别为：南门朱雀门，北门玄武门，东门青龙门，西门白虎门。进入乾陵大门后，是五百多级台阶。走完台阶即是一条平宽的道路，即"司马道"，司马道可以一直通到"唐高宗陵墓"碑。

司马道两旁有很多的石刻雕像，首先看到的是两根 8 米多高的石华表，石华表是帝王陵墓的象征。然后是两只石刻翼马，翼马的雕刻非常精美，两翼上雕有卷云纹，给人一种展翅欲飞的感觉。紧接着是优美的高浮雕鸵鸟、石仗马与驭马人组合，还有十对高达近 4 米的翁仲石像。传说翁仲是秦朝镇守临洮的大将，威震四方。秦始皇在咸阳宫司马门外立翁仲像，后来的帝王们便沿袭了这一做法，在需要守卫的地方立翁仲石像。

翁仲石像的北面是两块石碑，西边的一块是唐高宗的金字"述圣纪"碑，是武则天所立，碑上所写主要是唐高宗的功德。碑文为武则天撰写，刻好后填以金屑。这座碑又叫"七节碑"，因为碑总共分为七节，分别代表日、月、金、木、水、火、土，寓示唐高宗的功绩光芒四射。原本碑上还有碑亭，现在碑亭已经不在了。

东边的石碑是武则天为自己立的无字碑，碑身两侧各雕有四条相互缠绕的龙。碑身线刻有"升龙图"，碑座线刻有"狮马图"。整个无字碑用一块巨石雕成，高大宏伟，但是碑上并没有刻字，这引起人们无数猜想。民间对于无字碑有三种说法：第一种说法认为，武则天立无字碑就是想夸耀自己的丰功伟绩已经到了没有文字所能表达的地步；第二种说法认为，武则天立无字碑是因为自知罪孽深重，无法写碑文，所以还不如不写；第三种说法认为，武则天是一个聪明绝顶的人，立无字碑就是她聪明的体现，功过是非不自己说，留待后人评说。现在这三种说法中大家更倾向于最后一种。

走过了司马道，便是"唐高宗乾陵"的墓碑。这块墓碑是唐代陕西巡抚毕源所立，原来的碑已经被毁，现存的这块碑是清乾隆年间重建的。在这块碑的右前侧，还有一块墓碑，碑上有郭沫若题写的"唐高宗李治与则天皇帝之墓"12 个大字。

无头石像

乾陵还有一处独特的景观，就是在朱雀门外分立两侧的石人群像。这些石像共有六十多尊，整齐地排列在两旁，显得很恭敬。这些石像和真人差不多大小，不过都没有头，在石像的脖子上可以看到头被砸掉的痕迹，因此人们习惯上把这些石像称为无头石像。这些无头石像的衣着各不相同，但是两两并立，两手前拱，显得非常恭谨，好像在恭迎皇帝的到来。

有专家猜测，这些石像的材质并不是很结实，而且脖子的位置比较细，所以很容易断裂。而据史料记载，这里曾发生特大地震，所以石像的脖子都被震断了。

一代天骄魂归处

在内蒙古鄂尔多斯市伊金霍洛旗甘德利草原上，屹立着一座蒙古包似的宫殿，它就是一代天骄成吉思汗的陵园——成吉思汗陵（图15）。

成吉思汗是宋代末年到元代年间的蒙古杰出的军事家、政治家，原名铁木真，"成吉思汗"是对他的尊称，是"拥有海洋四方的大酋长""像大海一样伟大的领袖"的意思。他一路征战，统一蒙古，建立了蒙古汗国。此后他还多次发动对外的征服战争，一度将版图扩大到了中亚和东欧地区，曾被西方一些人称为"全人类的帝王"。1227年，成吉思汗在征讨西夏时死于军中，时年65岁。

传说，成吉思汗在征讨西夏时路过鄂尔多斯，看到这里水草丰美，花鹿出没，是一块风水宝地，嘱咐部下等他去世后将他葬在这里。成吉思汗去世后，运送其灵柩的灵车走到鄂尔多斯时，车轮突然陷进沼泽里，怎么都拽不出来，因此人们将他的毡包和衣物安放在这里进行供奉。由于这只是传说，而且蒙古族因为频于迁徙和为了躲避战乱而盛行"密葬"，所以成吉思汗真正被埋葬在哪里，始终是个谜。现今的成吉思汗陵只是一座衣冠冢，而且成吉思汗的衣冠还经过多次迁移，直到1954年才迁回故地伊金霍洛旗。

成吉思汗陵占地约5.5万平方米，虽然规模不算大，但颇具特色，加上陵园位于广阔的草原上，所以更显得雄伟而神秘。成吉思汗陵整体的造型就像一只展翅欲飞的雄鹰，具有典型的蒙古民族的艺术风格。陵内的主体建筑

【图 15】 成吉思汗陵

是由三座蒙古式的大殿组成，它们之间由廊房相连，因此整座陵园可以分为正殿、寝宫、东殿、西殿、东廊和西廊六部分。

进入大门后，首先是一座成吉思汗骑马的雕像（图 16），这一雕像高 21 米，高高的白色底座上是铜质的雕像，成吉思汗骑在一匹骏马上，手持"苏勒定"，凝望着前方。"苏勒定"是蒙古大旗上的铁矛头，成吉思汗生前在南征北战中用它指挥千军万马。整座雕像展现了成吉思汗征战沙场时的风姿。雕像后面向北延展的是一条长长的有多层台阶的路，这是成吉思汗圣道，由它可以到达陵宫。

正殿高 26 米，平面是八角形的，白墙朱门，重檐蒙古包式殿顶，房檐则为蓝色琉璃瓦，穹庐顶上则是黄色琉璃瓦，蓝、黄搭配，避免了单调。黄色琉璃瓦在阳光照射下，金光闪闪，显得十分高贵华丽。穹顶上部雕砌成云头花，这是蒙古民族所崇尚的图案。正殿内正中摆放着成吉思汗雕像，雕像高 5 米，成吉思汗身上穿着盔甲战袍，腰中佩戴着宝剑，端坐在大殿中央，英明神武。雕像背后是一幅"四大汗国"的疆图，显示着当年成吉思汗统率大军征战中原、中亚和欧洲的显赫战绩。后殿则是寝宫，在这里安放着成吉思汗三位夫人的灵柩及成吉思汗的衣冠。它们供奉在四个用黄缎罩着的灵包中。灵包前摆放着一个大供台，台上除了放置着香炉和酥油灯等祭奠之物，还有成吉思汗生前用过的马鞍和一些珍贵的文物。

东、西两殿在正殿左右，高 23 米，比正殿稍矮，平面是不等边的八角形，也是白墙朱门，与正殿的重檐穹庐顶不同，配殿是单檐穹庐顶，顶上也铺有黄色琉璃瓦。东、西两殿供奉着对蒙古族有影响的重要人物。东殿安放着成吉思汗的四儿子拖雷及其夫人的灵柩，拖雷生前曾继承了父亲成吉思汗的大部分军队，也曾做过监国，在君主外出或不能亲政时代理朝政。而且他是元世祖忽必烈的父亲，蒙古族后代的皇帝基本都是拖雷的子孙，所以他地位极为显赫；西殿供奉九面旗帜和"苏勒定"，九面旗帜象征着九员大将，"苏勒定"之所以被供奉起来，是因为它在蒙古人民心目中是十分神圣的，成吉思汗生前用它来指挥千军万马，传说成吉思汗死后，灵魂就附在了它的上面。

【图16】 成吉思汗雕像

现在的成吉思汗陵不仅供游人参观，还是蒙古族人祭祀的场地。祭祀成吉思汗陵是蒙古民族最庄严、隆重的祭祀活动，简称"祭成陵"。蒙古族祭奠成吉思汗的习俗在忽必烈时就已成为惯例。现今鄂尔多斯市伊金霍洛旗的成吉思汗祭典，就是沿袭古代传说的祭礼。成吉思汗祭祀一般分平日祭、月祭和季祭，都有固定的日期。每年阴历3月21日为春祭，祭祀规模最大，也最隆重，人们准备整羊、圣酒和各种奶食品，在这里举行隆重的祭奠仪式。

元代民居

元代是蒙古贵族建立的。在入主中原之前，他们一直过着落后的游牧生活，因此民风彪悍，文明程度较低。蒙古军入侵中原时，每占领一座城池都会对城里的百姓和俘虏展开大规模屠杀，大量掳掠农民和手工业者为奴，使农业和工商业遭到严重破坏。社会经济的凋零在建筑上也得到了体现。因为木材不足，建筑方面不得不用尽各种办法减少木料的使用，比如，用料粗糙草率，简化木构件，用弯曲的木料做梁架；取消连接立柱和横梁的室内斗栱，或减小斗拱的用料；在大型的建筑中采用减柱法，也就是大量减少起支撑作用的柱子等。

第三章

出尘入世：阿弥陀佛的殿堂

佛教自传入中国后，渐渐得到民众的信仰，加上统治者的扶持，佛教最终与中国本土文化相融合，成为具有中国特色的宗教。伴随着佛教的兴盛，佛教建筑也被大量建造出来，魏晋南北朝以及唐代是佛教建筑发展的两个高峰时期，佛寺、佛塔、洞窟是其中最具代表性的佛教建筑。

南朝四百八十寺

　　魏晋南北朝是一个佛教盛行的时期，与此相应，佛教建筑也非常流行。佛教是在两汉之际传入中国的，到了魏晋南北朝时期，统治阶层意识到佛教对统治人民有很大的益处，于是开始大力推行佛教。佛教建筑便也应时而起，开始大量涌现。当时佛教建筑的主要形式有佛塔、佛寺和石窟。

　　佛塔也称为宝塔、浮屠，人们常说的"救人一命，胜造七级浮屠"，其中的"七级浮屠"就是指七层高的佛塔。佛塔的作用是供奉和安置舍利，并供佛教徒朝拜。在佛教中，佛塔是有神圣地位的。在佛塔传入中国之前，中国并没有塔式建筑。佛塔传入中国后，人们把佛塔缩小，变成塔刹，并跟中国本土的木制阁楼相结合，创造出了木塔。当时最著名的木塔为永宁寺塔，这座塔高九层，为方形制式。不过由于木塔不易保存，南北朝时期的木塔虽然十分盛行，但是没有一座能保存下来，但人们仍然可以从中国现存最古老的木塔——位于山西省朔州市应县的应县木塔（图17）来一窥木塔的建筑之美。它与意大利比萨斜塔、巴黎埃菲尔铁塔并称"世界三大奇塔"。

　　在木塔之外，人们还发展出石塔和砖塔。相比于木制佛塔，石塔和砖塔更易于保存。我国最古老的密檐式砖塔——建于北魏时期的河南登封市嵩岳寺塔（图18），至今还留存着。

　　佛寺是佛教最基本的建筑，是供僧侣居住和进行宗教活动的场所。中国的佛教是由印度传入的，因此，最开始佛寺的形式和布局与印度佛寺非常相

【图17】　应县木塔

似，佛寺的中央是佛塔，佛殿位于佛塔的后方。由于魏晋南北朝的统治阶层大力推行佛教，人们修建佛寺的热情也十分高涨，很多贵族官僚把自己的府邸贡献出来修建佛寺，北魏时期洛阳的很多佛寺就是由贵族的府邸改建而来的。由于贵族府邸中多有私人园林，这些园林后来也成了佛寺的组成部分，人们也因此更喜欢游览佛寺。

　　在佛教建筑中，石窟是最古老的形式之一，在印度称为"石窟寺"。石窟寺是在山崖上开凿出来的洞窟型佛寺，是供僧侣居住、修行的地方，其中包括僧侣聚会场地、居住地和修禅地。魏晋朝北朝时期比较著名的石窟有山西

【图18】 嵩岳寺塔

大同云冈石窟、河南洛阳龙门石窟和山西太原的天龙山石窟。石窟中通常会修建有佛像，那些规模比较大的佛像，一般都是由皇室或贵族、官僚出资修建，并且窟外多会用木建筑进行加固。石窟中通常会有很多雕刻和绘画，这也是历代都非常重视的艺术珍品。

石窟寺与普通的佛寺相比有诸多不同。普通佛寺多为木制建筑，而石窟寺则是以石窟洞为主，有些会附属少量的土木结构建筑。普通佛寺都是沿着纵深布置的，而石窟由于环境限制，总是依岩壁走势而建造。从建造时间和耗资来看，石窟因为需要开山挖石，耗资很大，所用的时间也比较长。

按功能布局来分的话，魏晋南北朝时的石窟建筑大致可以分为三种类型：第一种是塔院型，这也是初期的风格，与佛寺置佛塔于中央的格局一致。在大同云冈石窟中，这种类型的石窟寺较多；第二种是佛殿型，这种石窟与普通的佛殿类似，窟中主要建筑为佛像；第三种是僧院型，这类石窟的主要功用就是为僧侣修行提供场所。石窟中均设有佛像，周围布置是仅容一个僧人打坐的小石窟。

经 幢

"经幢"中的"幢"指的是中国古代仪仗中的旌幡，由竿和丝织物做成。东汉时期佛教传入中国的时候，佛经或佛像一般都书画在丝织物的幢幡上，后来为了使它们保存长久而不遭到损坏就改为雕刻在石柱上，称为经幢。幢式塔随着时代的发展，一部分成为经塔，另一部分成为墓塔。

【图 19】 敦煌莫高窟

沙漠里的千尊佛

莫高窟又叫千佛洞（图19），位于甘肃的敦煌，在河西走廊最西端。它始建于十六国的前秦时期，据记载，一位叫乐尊的僧人路过这里，突然发现有万道金光，仿佛佛尊降临，于是虔诚的乐尊便在这里开凿了第一个洞窟。之后，人们不断开凿，洞窟规模不断扩大，历经北朝、隋、唐、西夏、元等多个朝代的兴建，形成了现有的规模。最初开凿的时候，人们将这里称为"漠高窟"，意思是"沙漠的高处"，后来因为"漠"和"莫"通用，便逐渐改成了"莫高窟"。

莫高窟现有洞窟735个，泥质彩塑2415尊，壁画面积达到4.5万平方米。在世界现存的石窟艺术中，莫高窟是规模最大、内容最丰富的，被尊为佛教艺术圣地。

莫高窟的735个洞窟，分为南北两区。南区共有487个洞窟，是莫高窟的主体部分，僧侣们主要在这里进行宗教活动，洞窟内有壁画和塑像。北区有248个洞窟，其中只有5个存有壁画和塑像，其他均为僧侣修行、居住和瘗埋地。

按石窟的建筑形式和功用，这些洞窟可分为中心柱窟、殿堂窟、覆斗顶型窟、大像窟、涅槃窟、禅窟、僧房窟、影窟等形制，另外还有少量佛塔。窟型最大的高几十米，最小的连人都进不去。石窟保留下来很多艺术作品，除了大量的壁画和泥质彩塑，还有一些较为完整的唐代、宋代木制结构窟檐，

【图 20】 敦煌壁画

以及几千块莲花柱石和铺地石。这些都是很珍贵的古建筑实物资料。在这些作品中有很多外来的艺术形式，这反映了古人兼容并蓄的艺术态度。

莫高窟的壁画之博大精美，堪称绝世（图 20）。所有的壁画若连起来横向排列，可绵延 45 千米，如一道规模宏大的画廊，因此人们也把莫高窟称作"墙壁上的图书馆"。这些壁画绘制在洞窟的四壁、窟顶和佛龛内，多半的洞窟中都有分布。壁画的内容也十分广泛，有佛教故事，有佛教的历史，还有神怪的故事。此外还有很多壁画描绘的是当时的民间生活，比如耕作、狩猎、纺织、战争、舞蹈、婚丧嫁娶等社会生活各方面。这些画有的雄浑宽广，有的华丽动人，是不同时期的艺术风格和特色的体现。

在莫高窟的壁画上，飞天可算是一个重要角色，在多数的壁画中，都可看到漫天飞舞的美丽飞天。飞天是侍奉佛陀和帝释天的神，能歌善舞，是最能表现优美姿态的人物形象。墙壁之上，婀娜多姿的飞天在浩渺的宇宙中随风飘舞，有的手捧莲蕾，一飞冲天，有的从空中扶摇而下，仿佛一个仙女坠落人间，有的穿过万水千山，宛如游龙嬉戏于人间，为人们打造了一个优美而空灵的想象世界。

由于莫高窟所处山崖的土质比较松软，不太适合制作雕塑，所以莫高窟的造像除四座依山而建的大佛为石胎泥塑外，其余均为木骨泥塑的雕像。塑像都为佛教的神佛人物，有的是独立佛像，有的是组合佛像，组合佛像的中间通常都是佛陀，两侧侍立弟子、菩萨、天王、力士等。这些塑像都很精致，与壁画共为石窟中的艺术珍品。

莫高窟第 96 窟是所有石窟中最高的一座，它的独特之处在于它的外附岩建有一座"九层楼"（图 21），这九层楼也成了莫高窟的标志性建筑。九层楼就处在崖窟的中段，与崖顶等高，远远望去巍峨壮观。九层楼的外观轮廓错落有致，在檐角的位置系有风铃，声音十分悦耳。窟内有弥勒佛坐像，是由泥塑彩绘而成，这尊佛像是中国国内仅次于四川乐山大佛和荣县大佛的第三大坐佛。容纳大佛的空间下部宽阔而上部狭窄，平面呈方形。楼外开两条通道，既可供人们就近观赏大佛，又可透进光线照亮大佛的头部和腰部。

莫高窟的第 17 窟是著名的藏经洞。藏经洞内有中国几个世纪以来的文

【图 21】　敦煌莫高窟九层楼

书、纸画、绢画、刺绣等文物几万件，"藏经洞"也因此而闻名。藏经洞内塑有高僧洪辩的坐相，墙壁上绘有菩提树、比丘尼等图像。还有一通石碑，似乎还未完工，是洪辩的告身碑。洞中出土的文书中，最晚的写于北宋年间，其中多半是写本，还有一些刻本，大部分用汉文书写，其他的则为古代藏文、梵文、回鹘文、龟兹文等。文书内容主要是佛经，此外还有道经、儒家经典、小说、诗赋、史籍、地籍、账册、历本、契据等，其中不少是孤本和绝本。这些都是很珍贵的历史及科学研究资料，并由此衍生出了专门研究这些文献的"敦煌学"。

【图 22】 玄奘法师

雁塔巍然立大地

大雁塔位于陕西西安，坐落在慈恩寺西院内，始建于唐高宗永徽三年（壬子，652年）。相传当年玄奘法师（图22）去印度取经，从印度带回了许多佛像、舍利和梵文经典，玄奘法师亲自主持建造了大雁塔（图23），用来供奉和珍藏这些宝物。不过到现在也没人知道，玄奘珍藏的那些宝物在大雁塔的哪里。

大雁塔是一座砖仿木结构的塔，采用楼阁形式，整体为方锥形，平面为正方形。塔通高约64米，共分七层，各层都由青砖砌成。整座塔由塔基、塔身、塔刹三部分组成，许多地方都在模仿唐代建筑，显得严整大方。塔内各层都有楼板，设置扶梯，可以直通塔顶，塔上珍藏着舍利子、唐僧取经足迹石刻等文物。

大雁塔塔基有4米多高，四面都开有石门，门楣上有十分精致的线刻佛像，其中西门的线刻线条流畅，雕刻技法精妙，刻的是《阿弥陀佛说法图》，据说出自唐代画家阎立本之手。在南门的门洞两侧嵌有两块石碑，分别是《大唐三藏圣教序》碑和《大唐三藏圣教序记》碑。《大唐三藏圣教序》位于西侧，由右向左书写，《大唐三藏圣教序记》位于东侧，由左向右书写。两块碑均由唐代书法家褚遂良书写，分别是唐太宗李世民和唐高宗李治撰文的。两碑规格相同，都是下宽上窄，碑座为方形，上面刻有图案，后人称两碑是"二圣三绝碑"。

【图 23】 西安大雁塔

　　塔基上面是七层塔身。第一层有通天明柱，上面有四幅长联，描写了唐代的人物故事。楼梯处放有一块"玄奘取经跬步足迹石"，描写的是玄奘西天取经的传说。这一层的洞壁两侧还有许多题名碑，当时的文人名士有"雁塔题名"的风俗，因此这里留下了很多文人的手迹。另外这里还有叙述玄奘一生的"玄奘负笈像碑"和"玄奘译经图碑"。

　　在第二层的塔室内，供奉着大雁塔的"定塔之宝"——一尊铜质鎏金的佛祖释迦牟尼佛像。在两侧的塔壁上，有很多名人留下的书法手迹，多半是唐代诗人在塔上即兴所写，另外还有两幅文殊菩萨、普贤菩萨壁画。

　　第三层塔室中存放有珍贵的佛舍利，相传是印度玄奘寺住持悟谦法师所赠，舍利放在一个木座上。

大雁塔第四层塔室内供奉着两片长约 40 厘米、宽约 7 厘米的贝叶经，上面刻写着密密麻麻的梵文，据说现今全世界认识该文字的学者不足 10 位，其珍贵神秘可见一斑。

第五层有一块释迦如来的足迹碑，该碑是一块复制品，原碑为玄奘法师于铜川玉华寺请石匠李天诏所刻制。碑上佛教内容丰富，有"见足如见佛，拜足如拜佛"的说法。

第六层中悬挂有五首五言长诗，分别为杜甫与岑参、高适、薛据、储光羲所作。752 年晚秋时节，五人相约同登大雁塔，每人即兴作了一首诗，流传至今。

站在大雁塔第七层，可尽赏西安古城风景。在塔顶中央，刻有一朵大莲花，莲花分两层，共 28 个花瓣，其中内层的 14 个花瓣上分别刻有一个字，可连成两句诗，而且可以有多种不同的读法，其中一种读法为："人赞唐僧取经还，须游西天拜佛前。"

都料

在汉、唐时期，进行建筑设计与施工的人发展成一个工种——"都料"。这些人的专业技术非常熟练，专门进行建筑设计与现场指挥，这也是他们谋生的手段。他们首先会按照自己的规划，在墙上画上图线，然后指挥工人按照这些图线进行施工。在房屋建成以后，他们通常会在梁上留下自己的名字。一直到元代，人们仍在使用"都料"这个称呼。"都料"这一工种极大地促进了建筑艺术的发展。

【图 24】 六和塔

钱塘江畔六和塔

六和塔（图 24）位于杭州市西湖南面的月轮山上，始建于北宋开宝年间，是由一处私园改建的。后来六和塔在战火中损毁，遗存下来的砖结构塔身是南宋绍兴年间重建的。明正统年间，重修了顶层和塔刹。清光绪年间，又重修了外面的木结构。关于六和塔名字的由来，有很多说法，最多被采信的解释是取道教中的"六合"，即天、地和东、南、西、北四方。

六和塔塔基为八角形，塔身高约 60 米，雄伟壮观，站在塔上，可以直接观望钱塘江。六和塔的外面有十三层木檐，而内部则只有七层，是砖石结构的，每一层的中间都有一个小室，为柱子、斗拱的仿木结构。塔内的七层中有六层是封闭的，只有一层与塔身的内部相通。这样一来，塔就分成了外墙、回廊、内墙和小室四个部分，构成内外两环。

塔的内环是塔心室，在四面的墙身上开有门，因为墙厚达 4 米，所以进门后，就形成了一条甬道，穿过甬道，里边就是回廊。内墙的四边也有门，门与门之间凿有壁龛。每个门的门洞内也由于壁厚关系形成了甬道，甬道直通塔中心的小室。在壁龛里面嵌有一些石刻，刻的是《四十二章经》。《四十二章经》是《佛说四十二章经》的简称，为佛教经典，内容是把佛所说的某一段话称为一章，将其中的四十二段话编集成四十二章经。塔中心的小室为仿木建筑，原本是供奉佛像所用。

六和塔中多处设有须弥座，如壁龛下或者内壁上。须弥座上多有砖雕，内容丰富多彩，比如盛开的石榴、荷花，奔跑的狮子、麒麟，翱翔的凤凰、孔雀，等等。这些砖雕十分符合《营造法式》上的描述，为古建筑研究提供了珍贵的实物资料。

六和塔的建造缘由和其他普通佛塔的不同，并非单纯因佛教而建，而是为了镇压钱塘江潮。据说一位叫智觉禅师的和尚看到钱塘江江潮肆虐，给沿岸百姓带来很多灾难，于是在月轮山建造佛塔，用来镇压江潮。建成之后的塔有九级，高50多丈，里面还珍藏有舍利子。传说在六和塔建成之后，钱塘江潮果然不再肆虐，沿江百姓深受其福。而且在建六和塔之前，江上的渔船航船经常发生事故，而六和塔建成之后，塔上的灯光可作为引航之用，大大减少了江上船只发生事故的概率。

除了镇压江潮和引航之用，六和塔还是极佳的观赏钱塘江大潮的地方。钱塘江畔观潮的风气一直长盛不衰，每年都有大量游人前去观赏，而选择一个好的观潮位置，则极为重要。自宋代时，六和塔便成了观潮的圣地，宋代的郑清之曾有诗句描述自己无缘登塔的遗憾："径行塔下几春秋，每恨无因到上头。"

《营造法式》

北宋时，王安石推行变法，要求各部门制定各种财政、经济条例，这催生了我国古代最完整的建筑书籍——《营造法式》。编辑《营造法式》的目的是建立起设计与施工标准，保证工程质量，节省国家建筑开支。《营造法式》的作者是李诫，他将历代工匠相传下来的建造方法辑录了起来，并对建筑物的用料给出了尺度标准，不仅使得建筑的建造省时省力，而且工料估算有了统一的标准。这本书对当时官廷建筑的建造方式有极大的影响，甚至影响到了江南的民间建筑。

"皇家第一寺院"雍和宫

雍和宫（图 25）位于北京市东城区内城的东北角，它原来是明代的内官监官房。清代康熙帝在这里建造府邸，并赐予皇四子胤禛，后来胤禛晋升为"和硕雍亲王"，贝勒府也就随之成为雍亲王府。胤禛继承皇位，成为雍正皇帝后，因对这里有很深的感情，于是赐名"雍和宫"，作为自己游玩时临时居住的行宫。"雍和宫"的名字也从此正式确定下来。1735 年，雍正皇帝驾崩，乾隆即位，他将父亲雍正皇帝的梓棺安放在雍和宫内，后来又将棺椁移走。1744 年，乾隆皇帝将雍和宫改为藏传佛教寺庙。其实，在这之前的近十年里，雍和宫中的许多殿堂已经成了藏传佛教喇嘛颂经的地方。

1983 年，国务院将雍和宫确定为汉族地区佛教全国重点寺院，可以说雍和宫是中国规格最高的一座佛教寺院。雍和宫由五进大殿组成，它们分别是天王殿、雍和宫大殿、永佑殿、法轮殿和万福阁。整个布局从南向北逐渐缩小，而殿宇则依次升高，形成"正殿高大而重院深藏"的格局，具有汉族、满族、蒙古族和藏族等多种特色。

雍和宫最南面是大门和一座巨大的影壁，还有一对石狮，东、西和北面各有一座牌楼，穿过北面的牌楼向里走，是一条长长的辇道，由方砖砌成，两边绿树成荫。穿过辇道，便是雍和宫的大门——昭泰门，东、西两侧分别是钟楼和鼓楼，鼓楼旁边有一口大铜锅，重八吨，相传曾用来熬腊八粥。再向北便是八角碑亭，亭中的碑文记载着雍和宫的历史，用汉、满、蒙、藏四

【图 25】 鸟瞰雍和宫

种文字书写。

在两座碑亭中间的正北面，是雍和门，上面悬挂的"雍和门"大匾是乾隆皇帝亲手书写的。进入雍和门就是天王殿，殿前有造型生动的青铜狮子，殿内正中是弥勒菩萨的塑像，袒胸露腹、笑容可掬地坐在金漆雕龙宝座上。大殿两侧是四大天王的彩色塑像，他们都脚踏鬼怪，栩栩如生。弥勒塑像后面是脚踩浮云、戴盔披甲的护法神将韦驮。

天王殿北面，穿过御碑亭，是雍和宫大殿，主殿原名银安殿，是当初雍亲王接见文武官员的场所，改建后，相当于寺院的大雄宝殿。殿内供奉着三世佛像，铜质的，近 2 米高。正北面是一组佛像，有三座，中间是释迦牟尼佛，左边是药师佛，右边是阿弥陀佛，这三座佛是横向空间世界的三世佛，各地大雄宝殿多供奉这样的横三世佛。除此之外，在殿内东北角，供奉着观世音立像，西北角供奉着弥勒佛立像。殿中两边端坐着十八罗汉。

在雍和宫大殿的东、西两端，分别有密宗殿、药师殿、讲经殿和数学殿，被称为"四学殿"。

最北边的大殿则是万福阁。万福阁高 25 米，有飞檐三重。阁内巍然矗立着一尊高 18 米的弥勒佛，由名贵的白檀香木雕刻而成，是七世达赖喇嘛的进贡礼品，这尊大佛也是雍和宫木雕三绝之一。万福阁东面是永康阁，西面是延绥阁，两座楼阁有飞廊连接，像是仙宫楼阙，具有辽金时代的建筑风格。

值得一提的还有雍和宫的琉璃瓦。雍和宫主要殿堂的琉璃瓦原为绿色，雍正驾崩后，因在这里停放灵柩，则将绿色琉璃瓦改为黄色琉璃瓦。又因乾隆皇帝也诞生在这里，雍和宫出了两位皇帝，成了"龙潜福地"，所以殿宇为黄瓦红墙，与紫禁城皇宫的规格一样。

第四章

天人合一：以假乱真的山水园林

　　园林是指被人为改造或创造的自然风景，供人们游览、休息之用。有山有水是中国园林的最大特色，意在追求人与自然的完美结合，力求达到人与自然的高度和谐，实现"天人合一"。

【图26】 冠云峰

留园：曲径通幽的"小家碧玉"

提起苏州园林，留园可说是一个避不过的话题。苏州的留园以其建筑布局巧妙、奇石林立而闻名，与苏州拙政园、北京颐和园和承德避暑山庄并称"中国四大名园"。

留园为明代万历年间所建，是太仆寺少卿徐泰时的私家园林，当时称为"东园"。后来"东园"渐渐荒废，在清代乾隆时期，园子的主人换成了一个名叫刘恕的人，园名随即改为"刘园"。刘恕对原来的园子进行了大量改建，引入了许多奇石，并为此撰写了许多文章。到同治年间，园子为盛康所得。盛康将园名保留了音而更换了字，更名为"留园"。

留园按布局可分为东部、中部、西部三部分。东部主要为建筑，中部是山水相映的景致，西部则主要是山景。东部的主体为亭台楼阁等建筑，这些建筑围成庭院，各个门户之间交互重叠，形成了富于变化的建筑景观。其中的游廊和西部的爬山廊相连接，贯穿了整个园林。中部以水池为主，兼有假山，形成山水映照的景致；假山上有闻木樨香轩，可以俯瞰整个园子的景色。西部以假山为主，山林葱郁。各部分之间的景色并不是独立的，而是通过各建筑之间的漏窗、门洞，相互勾连映衬，隔而不断。

留园有三绝，分别是冠云峰、楠木厅和雨过天晴图。

冠云峰（图26）是留园中的庭院置石，是江南园林中最高、最大的一块庭院置石。冠云峰兼太湖石四奇——瘦、皱、漏、透，堪称太湖石中的绝品。

为了观赏奇石，在冠云峰的周围建有冠云楼、冠云亭、冠云台、待云庵等建筑。据说，冠云峰原本是宋末花石纲中的一块奇石。当时宋徽宗不顾北方的紧张战事，在京城大肆兴建宫殿园林，供自己游玩。为了修建园林，他下旨搜集奇花异石，号称要将天下的奇珍都放在宫廷中。当时负责采办奇花异石的人叫朱勔，他下令人们把所有的奇花异石都上交，如果敢反抗，就会治以不敬皇帝的罪名。终于，这种行为激起民变，方腊带领农民发动了起义，当时方腊起义军的一个口号就是"杀朱勔"。不久之后，宋徽宗被俘，搜集奇花异石的事也就不了了之了。一些搜集来的奇石还没来得及运到京城，冠云峰就是其中之一。

楠木厅又叫"五峰仙馆"，因为其梁柱均为楠木，因此称为楠木厅，"五峰"的名字则来源于李白的诗句："庐山东南五老峰，青天削出金芙蓉。"楠木厅是留园内最大的厅堂，为五开间，分前后两厅，中间用纱隔屏风隔开。其中前厅的面积约占整个楠木厅的三分之二。为了让楠木厅看上去空间层次感更强，厅中的家具摆放十分讲究。正厅中间设置有供桌、天然几、太师椅等家具，左右两边分别设置有茶几和椅子，这些家具将正厅的空间分隔成了明间、次间和梢间等不同的部分。为了增大厅内的视觉空间，在东西两边的墙上还分别设置了一列宽阔而简洁的窗户。坐在厅里的人可以直接透过窗户观赏庭院中的风景，这也是风景的一种借鉴法，同时保证了厅中可以有比较充足的光线。这种设置使得楠木厅摆脱了一般厅堂的阴暗压抑的感觉，而让人感到非常亮堂。

"雨过天晴图"是一幅大理石天然画，就保存在楠木厅内，是留园内的珍贵宝物。"雨过天晴图"直径1米左右，厚度大约有15毫米，其表面中间部分的纹络就好像重重叠叠的群山一样，下面有飞淌的流水，上面有飘逸的行云，在正中上方，有一个白色的圆斑，看上去就如一轮明月或艳阳。这幅石屏山水画是天然形成的，产自云南点苍山。让人百思不得其解的是，这样一块又薄又大的大理石，是怎样不损丝毫地从那么远的云南运到苏州的。

拙政园："尘世桃花源"

拙政园位于江苏省苏州市，截至 2014 年，仍是苏州规模最大的古典园林，也是中国四大名园之一。该园始建于明代正德年间，为御史王献臣归隐苏州后所建，前后共用了十六年时间，聘请当时的著名画家文徵明参与了园林的设计。"拙政园"名字的由来，是取自西晋文人潘岳《闲居赋》中的句子："筑室种树，逍遥自得……此亦拙者之为政也。"在之后的几百年里，拙政园屡易其主，并不断更名，一直到近代才恢复"拙政园"这个名字。

整个拙政园原本是浑然一体的，但是经过多次重建和修整，逐渐分成了几个相互独立的部分。到了清末，拙政园形成了东园、西园、中园和住宅四个部分，其中住宅是典型的苏州民居（图 27）。

东园大约占地 31 亩，原本名叫"归园田居"，是明代侍郎王心一所取。该园总体上采用明快的风格，以山水、草木为主，搭配有亭台。园中央为涵青池，池北有兰雪堂，周围栽种着梅、竹等植物。在池南有一座缀云峰，峰下面有一个小山洞，名为"小桃源"，其布置和名字均来源于陶渊明的《桃花源记》。

西园面积约 12.5 亩，原本为"补园"。其布局紧凑，曲水环绕，依水建有亭台楼榭。在西园中有一处三十六鸳鸯馆，为园内的主要建筑，是主人宴请宾客和听曲的场所。其名称的由来是因为当初这里养了三十六对鸳鸯。在三十六鸳鸯馆的周围有曲尺形的水池，沿池建有回廊，在回廊中可赏到别致

【图 27】 拙政园

的水景。馆内窗户上嵌有蓝色玻璃，在天气晴朗的时候，透过玻璃看窗外的景色，就好像在观赏雪景。

　　中园面积约为 18.5 亩，是拙政园的主要景区，全园的精华都在这里。园中各处景观虽然经历多次变迁，但总体上仍然保持了明代质朴、明朗的风格。中园以水为中心，水中堆有假山，沿水建有很多亭榭，方便观赏水景。中园的主建筑为远香堂，是主人宴请宾客的地方。同时，远香堂也是拙政园的主建筑，园林的各个景观都是以远香堂为中心而展开的。远香堂临水而建，是一座四面大厅，周围都是落地玻璃窗，从厅里就可以将周围的景色一览无余。远香堂正中的匾额上，写着"远香堂"三字，是文徵明亲笔所写。

在远香堂的北面，有两座假山位于池中，两山之间以溪桥相连。西面山上有雪香云蔚亭，又叫"冬亭"，是园中最适合赏梅的地方。亭子的柱子上挂着一副文徵明所书的对联："蝉噪林愈静，鸟鸣山更幽。"亭的中央有一块匾额，写着"山花野鸟之间"几个字，是元代倪瓒的手笔。东面山上也有一个亭子，名叫待霜亭。在远香堂的东面，也有一座小山，小山上有"绿绮亭"。在远香堂周围的水池中，种有很多荷花，因此有很多建筑都是用于赏荷花的，比如远香堂西面的"倚玉轩"和北面的"荷风四面亭"。

文徵明作为拙政园的主设计师，曾在《王氏拙政园记》中记述了部分建园过程。在建园之始，他就发现这里土质松软，积水比较多，不适合盖大量建筑。所以文徵明便因地制宜，以水为主体，兼以假山绿植来营造各个景点，并在其中暗喻诗画中的意趣典故。园中很多对联和诗都是文徵明手书，也有许多植物为文徵明亲手所种，可见当初文征明为此园花费了相当大的心力。

风水与建筑

明代时风水对建筑的影响已经达到极致，尤其对于建筑的选址问题上，在施工之前，往往会听听风水师的意见。不只是民间，就连佛寺或是帝王陵墓等大型建筑都会受风水影响。

【图 28】 颐和园

皇家园林博物馆——颐和园

颐和园（图 28）位于北京市西北郊的海淀区，占地约 290 公顷，是中国现存规模最大、保存最完整的皇家园林，被誉为"皇家园林博物馆"。

颐和园的前身是清漪园。乾隆皇帝为了给母亲庆祝六十寿辰，大兴土木，在山巅建造大报恩延寿寺，并将这座山改名为万寿山。后来乾隆帝又以兴水利、练水军为名，扩展湖面、修筑水堤，建成了大规模的园林，这便是清漪园。鸦片战争后，外国侵略者大肆侵略中国，1860 年，英法联军占领北京后，抢掠并毁坏了清漪园。1888 年，慈禧太后用海军军费重新修建了这座园林，并改名为颐和园，取"颐养冲和"之意。1900 年，八国联军侵华时又毁坏此园，1905 年，慈禧太后重新修复，并添建了不少建筑物，基本上形成了现存的颐和园的布局。

颐和园以万寿山和昆明湖为基址，仿照杭州西湖风景，吸取江南园林的设计手法建造成了一座大型天然山水园，是慈禧用来消夏游乐的场所。

颐和园规模宏大，主要由万寿山和昆明湖两部分组成，园中建筑按照功能大致分为三个区域。政治活动区以仁寿殿为代表，是慈禧太后与光绪皇帝从事内政外交等活动的主要场所。生活区以乐寿堂为代表，是慈禧太后、光绪皇帝及后妃居住的地方。风景游览区以万寿山和昆明湖等组成，主要供慈禧太后等人游玩。整座园林由南到北可以分为昆明湖、万寿山及后湖三部分。

颐和园的水面面积约 220 公顷，占全园面积的四分之三，由昆明湖、西

【图 29】 十七孔桥

湖、南湖组成，其中昆明湖是颐和园的主要湖泊。湖中碧波荡漾，烟波浩渺，景色十分美丽。昆明湖东岸是一道拦水长堤，湖中也有一道自西北向南的西堤，西堤及其支堤把湖面划分为三个大小不等的水域，每个水域各有一个湖心岛。这三个湖心岛象征着中国传说中的东海三神山——蓬莱、方丈、瀛洲。湖堤的分割使湖面显得更有层次。西堤及堤上的六座桥是模仿杭州西湖的苏堤和"苏堤六桥"，这使昆明湖越发神似西湖。

　　十七孔（图 29）桥坐落在昆明湖上的东堤和南湖岛之间，宽 8 米，长 150 米，由 17 个桥洞组成，为园中最大石桥。石桥两边栏杆上雕有几百只形态各异的石狮。东桥头北侧有用铜铸造的铜牛，称为"金牛"，设置铜牛是为镇压水患。

　　颐和园的大部分殿宇建筑都是依万寿山而建的。在万寿山的东南角是颐和园的正门，也就是东宫门。东宫门当年只供清代帝后出入，门前的云龙石上雕刻着二龙戏珠，象征着皇帝的尊严，这是从圆明园废墟上移来的，为乾隆时所刻。六扇大门也装饰得十分尊贵华丽，朱红色大门上嵌着整齐的黄色门钉，中间檐下挂着九龙金字大匾，上刻光绪皇帝亲笔题写的"颐和园"三个大字，门楣檐下还全部用油彩描绘着绚丽的图案。

进入东宫门之后是一片密集的宫殿，是清代皇帝从事政治活动和生活起居的地方。其中离东宫门最近的仁寿殿是朝见群臣、处理朝政的正殿，两侧有南北配殿。仁寿门外的南北九卿房中陈列着精美的铜龙、铜凤和铜鼎。仁寿殿的北面德和园有为庆贺慈禧太后六十寿辰所建造的大戏台，据说建造这个大戏台曾耗白银160万两。德和园西面的乐寿堂是寝宫，它面临昆明湖，背倚万寿山，东达仁寿殿，西接长廊，是园内位置最好的居住和游乐的地方。乐寿堂殿内设宝座、御案及玻璃屏风，两只青龙花大磁盘和四只大铜炉。乐寿堂的庭院中陈列着铜鹿、铜鹤和铜花瓶，取意为"六合太平"。院内种植着寓意"玉堂富贵"的玉兰、海棠、牡丹等花卉。

乐寿堂西面连接着长廊，它沿昆明湖岸而建，东起邀月门，西到石丈亭，全长728米，共273间，是中国园林中最长的游廊，也是现今世界上最长的长廊，已列入吉尼斯世界纪录。长廊的每根枋梁上都有彩绘，约有14000余幅，内容包括山水风景、花鸟鱼虫、人物典故等。

在长廊西端湖边，有一条大石船，叫清晏舫，寓"河清海晏"之意。石舫长36米，用大理石雕刻堆砌而成，船身上建有两层船楼，船底花砖铺地，窗户为彩色玻璃，顶部砖雕装饰，是颐和园内唯一带有西洋风格的建筑。下雨时，落在船顶的雨水通过四角的空心柱子，由船身的四个龙头口排入湖中，设计十分巧妙。

处在开旷的万寿山前山中心的是排云殿和佛香阁，它们是全园的主体建筑。排云殿是园中最堂皇的殿宇，用来礼拜神佛和举行典礼。佛香阁则是全园的制高点，高41米，八角三层四檐。佛香阁后面山巅有琉璃无梁殿"智慧海"，它是万寿山顶最高处的一座宗教建筑，外层用黄、绿两色琉璃瓦装饰，上部用少量紫、蓝两色琉璃瓦盖顶，色彩鲜艳，富丽堂皇。嵌于殿外壁的千余尊琉璃佛十分富有特色。它全部用石砖砌成，没有承重的梁柱，所以称为"无梁殿"。殿内供奉了无量寿佛，因此也称为"无量殿"。

万寿山的后山有狭长而曲折的湖水，称为后湖，林木茂密，环境幽邃，有一段为"苏州河"，临"苏州河"的是"苏州街"，是仿照苏州街道市肆而建的。

颐和园既具有中国皇家园林的恢宏富丽的气势，又充满自然之趣，高度体现了"虽由人作，宛自天开"的造园准则，集造园艺术之大成，在中外园林艺术史上有显著地位。

清代园林

园林建筑是清代建筑的最大成就。清代的皇家园林数量多、规模大，在园林中不仅可以游玩，还可以居住和办公等，而实际上清代的各位皇帝大部分都在园中居住与处理朝廷事物，可以说已成为实际的宫廷所在地。这些清代建造的皇家园林是中国封建社会后期造园艺术的精华。当时北方地区是全国的政治中心，而南方则是全国的经济中心。江南地区有很多官僚富商，他们都纷纷效仿清代皇帝，也竞相建造私家园林。这些私家园林以扬州和苏州最为集中和著名。与皇家园林相比，它们都白墙、灰瓦、青竹，十分清新朴素，但是园中叠山造池十分精致。

一座恭王府，半部清代史

恭王府（图 30）位于北京市西城区，是清代规模最大的一座王府，曾先后作为乾隆时期的权臣和珅、嘉庆皇帝的弟弟永璘的宅邸，后来赐给清末重臣恭亲王奕䜣，恭王府的名称也因此得来。恭王府历经了从清乾隆到宣统七代皇帝的统治，见证了清王朝由鼎盛至衰亡的历史进程，承载了极其丰富的历史文化信息，历史地理学家侯仁之曾评价："一座恭王府，半部清代史。"

乾隆四十一年（1776），和珅开始修建他的豪华宅第，时称"和第"。后来嘉庆登基，将和珅革职抄家，"赐令自尽"，宅子则赐予了弟弟庆僖亲王永璘。咸丰元年，咸丰皇帝遵照道光帝遗旨，封其异母弟奕䜣为恭亲王，同年将这座府邸赏赐给他居住。恭亲王奕䜣则成为这所宅子的第三代主人，恭王府的名称也由此沿用至今。

恭王府占地面积 6 万多平方米，而且占据着北京城绝佳的位置。史书上曾描述它为"月牙河绕宅如龙蟠，西山远望如虎踞"。北京据说有两条龙脉，故宫一脉是土龙，后海与北海一线是水龙，而恭王府正好在后海与北海的连接线上。恭王府分为府邸和花园两部分，由南向北，府邸在前，花园在后。

府邸有一条严格的轴线贯穿，并由多个四合院落组成。建筑占地 3 万多平方米，都是亲王府的最高规制。分为东、中、西三路，中路最主要的建筑是银安殿和嘉乐堂，东路的主要建筑是多福轩和乐道堂，西路主体建筑为葆光室和锡晋斋。

【图30】　恭王府

　　府邸的中路轴线有两进宫门，南面的是一宫门，也是王府的大门，三开间，门前有一对石狮子；北面是二宫门，五开间。进入二宫门向北就是中路正殿，名为银安殿，俗称银銮殿，是王府最主要的建筑，只有在重大节日和重大事件时才会打开。银安殿原来有东西配殿，但因为不慎失火，东西配殿和正殿都已被焚毁，现在的银安殿是后来复建的。银安殿北面是嘉乐堂，是和珅时期之建筑。在恭亲王时期，嘉乐堂主要作为王府的祭祀场所，里面供奉着祖先、诸神等牌位。银安殿和嘉乐堂屋顶都采用绿色琉璃瓦，是一种威严的象征，体现了亲王身份。

　　处在东路南面的是多福轩，是奕䜣会客的地方，五架梁式的明代建筑风格，厅前有一架长了两百多年的藤萝，至今仍长势很好。多福轩北面是乐道堂，是奕䜣生活起居的地方。

　　西路南面是葆光室，正厅五开间，两旁各有耳房三间，配房五间。由葆光室向北穿过天象庭院是锡晋斋，两边也有东西配房各五间。锡晋斋高大气派，大厅内有雕饰精美的楠木隔断。据说，这是和珅仿照紫禁城中的宁寿宫的式样修建的，属于逾制，和珅被赐死有"二十大罪"，这便是其中之一。

在整个府邸的最北面，也就是府邸的最深处，横着一座两层的后罩楼，东部为瞻霁楼，西部为宝约楼，东西长达156米，内有108间房，俗称"99间半"，取道教"届满即盈"之意。

整个府邸北面，也就是恭王府的另一部分——恭王府花园，名为萃锦园。与府邸相呼应，花园也分为东、中、西三路。

正门坐落在花园的中轴线上，名为西洋门，是一座具有西洋建筑风格的汉白玉石拱门，门内左右有青石假山。正对着门耸立的是独乐峰，是一座长型太湖石，后面则是一座蝙蝠形水池，称蝠池，"蝠"字通"福"，具有美好的意义。蝠池向北有一座五开间的正厅，是安善堂，有东西配房各三间。安善堂后面有一座假山，由众多太湖石形成，山下有洞，叫秘云洞，著名的"福"字碑就在这个洞里。据说，康熙皇帝的祖母孝庄皇太后在六十大寿之前突然身患重病，康熙帝就亲手写了这个暗含"子、才、多、田、寿"五字，寓意"多子多才多田多寿多福"的"福"字，在孝庄皇太后六十大寿的时候献上，孝庄皇太后自此百病全消。又因为康熙皇帝极少题字，所以这个"福"字碑极其珍贵，被称为"天下第一福"。传说乾隆时期，和珅将这"福"字碑偷偷移至府内作为镇宅之宝。假山上则是名为邀月台的三间敞厅。中路最后有正厅五间，因为形状像蝙蝠的两翼，所以叫作"蝠厅"。

花园东路最主要的建筑是大戏楼。大戏楼正厅内装饰着枝繁叶茂的藤萝，使人有一种在藤萝架下观戏的感觉。

西路最南面有一段20多米的城墙，其门称榆关。榆关内有三间敞厅，名为秋水山房。秋水山房东面的假山上有一座名为妙香亭的方亭，秋水山房西侧有三间房屋，名为益智斋。在榆关正北有一座巨大的方形水池，占据着花园西部的大部分面积，池中心有观鱼台。池北有五开间卷房，名曰"澄怀撷秀"。

恭王府的府邸富丽堂皇，花园幽深秀丽，民间有传闻说《红楼梦》中的荣国府就是根据恭王府而写的，但是真实性还有待考证。

外国建筑

第五章

金字塔：法老灵魂的皈依之所

古埃及建筑艺术的代表作品就是墓葬建筑，古埃及最早出现的具有一定规模的墓葬建筑"玛斯塔巴"，就是板凳的意思。后来，法老左塞尔创造性地将"玛斯塔巴"叠放，阶梯式的金字塔就出现了。阶梯式金字塔经过漫长的演化，形成了我们现在看到的经典形状的金字塔，金字塔的巅峰之作吉萨金字塔群也成了埃及的象征。

【图31】 埃及人的房子

最早的金字塔叫"板凳"

建筑最初的体现方式是住所，有了栖身之处才能创造建筑艺术。古埃及最初的住宅主要分为两种。

尼罗河下游三角洲物产比较丰富，木料和纸莎草较多。于是，这一带的古埃及人住宅以木材为墙基，以纸莎草束编墙，屋顶也用纸莎草束堆砌而成，有的住宅还在墙外面抹了泥。尼罗河中游峡谷地带木材较少，这一带的住宅多以卵石为墙基，用土坯砌墙，圆木排成屋顶，上面再铺一层泥（图 31）。

这两种住宅并没有什么奇特之处，非常简单，构成了古埃及人生活的场所。然而，生活的场所并不是古埃及人最重视的东西，他们更加在乎死后的住所。

古埃及人有很强烈的前世今生的轮回观念，在他们看来，生活不过是一个人生命中极为短暂的一小段过程。人死之后，生命并没有消失，而是在另一个世界延续。经过一段时间的轮回之后，人还有来世，来世的福祉，靠的就是今生的修行及死后身体的保存效果。正因为这样，古埃及人非常重视保存亡者的身体，他们费尽心机想要为灵魂提供一个绝妙的皈依之所。

因此，古埃及人特别重视陵墓的建造，特别是有财有势的人家，总是不惜人力物力把陵墓做得非常考究。在最初的沙坑墓穴之后，古埃及人产生了建造地上墓穴建筑的想法，就像是我国古人在陵墓前立碑一样，古埃及人希望可以有地上的建筑来表示对于亡者的纪念。于是，玛斯塔巴就出现了。

【图 32】 左塞尔金字塔

"玛斯塔巴"源于阿拉伯语，意思是"板凳"。这个形容很贴切，玛斯塔巴确实像板凳放置在地面上一样。玛斯塔巴一般高9米以上，相比于金字塔，玛斯塔巴并不算高大，但是在公元前4000年已经算是比较宏伟的建筑了。

在金字塔出现之前，玛斯塔巴就是古埃及王室家族的主要陵墓形式，这种下大上小的建筑形式也是金字塔的雏形。古埃及人认为人死之后灵魂不灭，继续存活，但是他们并不知道死后的生活是什么样的，因此只能够通过现实中的衣食起居来推测死后的生活，于是陵墓就随着住宅和宫殿的变化慢慢转型和发展。

在古埃及第三王朝的时候，陵墓建筑发生了一个重大改变。公元前约2750年，法老左塞尔为了表示自己死后还是另一个世界的统治者，就想修建一个前无古人的宏大建筑来彰显自己的神性。根据设想，这个建筑不仅要包括一座与法老生前住所相当的宫殿，还要有专门用于庆典和祭祀的楼台。左塞尔将这项工程的设计工作交给了伊姆霍太普——建筑学的奠基人。

起初，伊姆霍太普并没有摆脱玛斯塔巴这个传统建筑的思维限制，他认为只需要更换一下建筑材料，用大型切割石材代替泥砖就行。但是，建造的时候，无论怎样扩大规模，法老还是觉得不满意，认为陵墓难以凸显它的伟大。伊姆霍太普苦思冥想，突然，一个想法跳了出来，那就是将已经扩建几次的玛斯塔巴当作底座，一级一级往上延伸，建造高大的宏伟建筑。

经过工匠们夜以继日的工作，第一座金字塔展现在人们面前，这就是左塞尔金字塔（图32）。作为一个过渡阶段的产物，左塞尔金字塔并不是纯几何样式，而是阶梯式的。左塞尔金字塔的基底东西长126米，南北长106米，高约60米，由六层台阶构成。除了主体建筑金字塔，陵墓还包括周围的庙宇，整个建筑群占地547×278平方米。需要注意的是，这个阶段的陵墓建造中，墓室仍旧在地下，金字塔类似于墓碑，是象征性建筑。

除了陵墓主体上的创新，左塞尔陵寝的其他建筑与传统陵寝相比并没有什么大的变化。陵寝的祭祀厅堂、围墙及其他附属建筑物仍然是模仿木材和纸莎草造型。不过，模仿纸莎草造型的柱子精雕细琢，看上去纤细华丽，反而更衬托出了金字塔的宏大庄重。纸莎草是尼罗河三角洲地区的标志，模仿纸莎草冠状顶端的柱头也成了建筑史上的第一种柱头。

左塞尔金字塔建筑群的围墙由 200 段错落有致的墙面构成，其中有 14 段墙面较大，正门就在这 14 段墙面的其中一段上，另外 13 段设置有"假门"。之所以说是假门，是因为这些门是供法老的灵魂出入的。从正门进去，是一个狭长、黑暗的甬道，穿过甬道，辽阔的天空和宏伟金字塔就呈现在眼前了。日光下，站在甬道的阴影里，你就会感觉那六级巨大的台阶就像是通往天堂的阶梯，而法老就是通过这段阶梯，到达古埃及主神阿蒙太阳神的住所。

古埃及人的生死观

古埃及人笃信万物有灵，他们认为人死后，不会从这个世界上消失，灵魂能够脱离人的肉体再次复活直至永生。"肉体死亡为灵魂开启通往永生的大门"，这个观念在古埃及人的心中根深蒂固。按照古埃及人的观念，人活在这个世界上，主要依靠两种东西：一个是看得见的肉体，另一个是看不见的灵魂。当一个人死后，灵魂就摆脱了肉体的束缚，可以自由地飞离尸体。但是，灵魂无法独立存活，尸体仍是它依存的基础。所以，只有为灵魂制造一具永远不腐的身体，它才能够在来世复活。

在古埃及人看来，人活着的时候没有死去之后重要，这就是他们大兴陵墓、制作木乃伊的原因。只有完好地保存了尸体，灵魂才能够安然复活；只有给尸体一个坚固的住所，复活的灵魂才能在这座"永恒的居所"里享受自己的永生。

胡夫的杰作

　　早期的金字塔整体坡度并不陡峭，而且每个阶层高度不大，简单地堆砌石块就可以了。可是想要用同样的方法建造陡峭高耸的金字塔，难度就非常大了，而且建成之后金字塔外层可能由于支撑力不够出现损坏。埃及法老追求的是生命的永恒，当然不愿意看到金字塔损毁，于是，他们不断改进金字塔的建造技术。经过漫长的演变，我们现在见到的普通金字塔逐渐代替了阶梯式的金字塔。

　　古埃及第四王朝法老胡夫当政时期，埃及的建筑技术终于允许建造类似等边三角形的比较陡峭的金字塔。法老胡夫在吉萨修建了一座规模极其宏大的金字塔，胡夫之后的很多埃及法老都将修建金字塔的位置定在了吉萨，于是在现埃及首都开罗附近就形成了吉萨金字塔群。吉萨金字塔群中三座最大、保存最完好的金字塔是第四王朝三位法老所修建的——胡夫金字塔（图33）、哈夫拉金字塔和门卡乌拉金字塔，这三座金字塔也是埃及金字塔的代表。

　　吉萨金字塔群中最大的金字塔是胡夫金字塔，它是第四王朝第二个国王胡夫的陵墓，由于胡夫金字塔的规模空前绝后，所以人们通常称它为"大金字塔"。

　　大金字塔的塔身由约230万块石头砌成，每块石头平均重2.5吨，有的重达几十吨，石块之间没有使用任何黏合物，却接缝严密，连刀片都插不进，结构精密，令人惊叹。这座大金字塔高达146米，因年久风化，现高136米

【图 33】 胡夫金字塔

左右，塔底面呈正方形，占地约 5 万平方米。胡夫金字塔庞大的规模使历史学家们非常困惑：巨大的石料是从哪里取材的？怎样运送的？怎样放置到那么高的位置还能够严丝合缝的？正是由于这些疑惑，金字塔宏伟的背后，又多了一些神秘色彩。

胡夫金字塔的另一个特点就是摒弃了传统的墓室建造方式，墓室修建在金字塔正中，大约长 10.5 米、宽 5 米、高 5.8 米。想要在金字塔核心建造墓室，就需要保证墓室的顶部结构能够承受上方石块的重量。在墓室顶板的设计上，古埃及皇家建筑师们展现了自己的聪明才智。墓室的顶部由五层巨石顶板支撑，每层巨石顶板重达 400 吨，由九条石板组合而成。这样的水平支撑并不能够保证墓室万无一失，在顶板上方，建筑师们还设计了一个三角形拱顶，这个设计非常巧妙，分散了上层金字塔结构的压力。牢固的巨石顶板，加上精妙的三角形拱顶，法老就不必担心墓室的安全问题，死后可以在这永生之境里面继续自己的统治。

吉萨金字塔群中，规模仅次于胡夫金字塔的就是哈夫拉金字塔，它也是埃及第二大的金字塔。哈夫拉金字塔初建成时，约高 143 米，比胡夫金字塔大约矮 3 米。随着风沙侵蚀，两座金字塔遭受了不同程度的损坏，现在它约高 135 米，与胡夫金字塔相差无几。由于哈夫拉金字塔所处地面较高，因此看上去它比胡夫金字塔要更高些。哈夫拉金字塔的总体积大约为 162 万立方米，而塔里空间不到其万分之一，是世界上最紧密的建筑。

在哈夫拉金字塔南面，有一整块巨型岩石雕凿而成的狮身人面像（图 34），据说这尊著名的狮身人面像就是以第四王朝法老哈夫拉的模样精心雕凿的。这尊狮身人面像身长约 73 米，高 21 米，脸宽 5 米，一只耳朵有 2 米多长。头戴皇冠，双耳有头巾遮挡，额头刻有神蛇，脖子上围着项圈，面目凝重，威严地注视着东方。如今它虽是百孔千疮，却依然挺立，日夜守候着金字塔。

吉萨高地上三座金字塔中最小的一座是哈夫拉的儿子门卡乌拉的陵墓。在门卡乌拉统治时期，第四王朝开始走向衰败，倾尽全国之力，也难以承担修筑金字塔的消耗，因此，门卡乌拉金字塔不得不缩小建筑规模。门卡乌拉金字塔的底边边长 108.5 米，塔高 66.5 米，其建筑全部用花岗岩建造而成。

【图 34】 狮身人面像

1839 年，一名英国探险家首次打开这座金字塔，在墓室中发现一具花岗岩石棺及法老木乃伊，在墓室的天花板上，还发现了一个刻有门卡乌拉名字的红赭石。但装运这些文物的船只在返回英国途中遭遇意外，石棺和木乃伊都沉入了大西洋。

胡夫大金字塔规模上已经难以超越，所以他的后继者就在金字塔的分布上做文章。吉萨金字塔群并不是一字排开，而是以胡夫大金字塔为中心，分别向东北和西南方向排列。这种排列方法很好地淡化了后世的金字塔与胡夫金字塔的高度差距，因为从最佳观赏点望去，由于远近不同，肉眼很难判断出各个金字塔的大小。

门卡乌拉之后，埃及的经济和政治逐渐衰退，难以筹集人力物力建造规模宏大的金字塔，因此，金字塔也走向了没落。现在，站在尼罗河以西望去，人们仍旧会为吉萨金字塔群的宏大而感叹。大漠、落日、长河，与这些自然景观搭配的金字塔中，作为古埃及统治者的法老们静静地躺在那里，等待灵魂轮回之后和肉体的再度结合重生。

石窟里的陵墓

到了中王国时期，法老们发现金字塔并不像想象中的那么牢不可破，盗墓者很快就能找到陵墓的通道，盗窃里面的珍品。另外，由于埃及首都由尼罗河三角洲迁到了上埃及，自然环境发生了很大变化。以前是茫茫大漠，在大漠上面建造巨大的金字塔，显得气势恢宏；现在处于峡谷之中，建造宏大的金字塔不太现实。于是，在山体上开凿的石窟墓就逐渐取代了金字塔形式的陵墓。

埃及法老们认为，金字塔陵墓之所以屡屡被盗，是因为金字塔太显眼了。于是，新王国的陵墓建造者不再重视陵墓的纪念性，而是尽可能地将陵墓修建得更加神秘，他们挖掘出了一系列狭长复杂的甬道和墓室。法老们一旦即位，就会尽早开挖他们的陵墓，至于具体规模则由他们的寿命和财富决定。当法老驾崩时，挖掘工作停止，陵墓也就定型了。法老的葬礼结束之后，石窟陵墓就会被密封，入口也会被隐藏起来。

石窟墓位于山体之中，内部是仿照人们的住宅形式开凿而成的，墓室底部通常为矩形平面，顶部以平顶和拱顶为主。这些岩洞式陵墓都包括三个结构：首先是一个用于公共祭祀的柱式门廊；之后是一个石柱厅形式的礼堂，用于置放雕像；最后是石窟墓的主体——墓室。虽然岩洞墓穴建筑风格比较简单，但壁画却有惊人之笔，如栩栩如生描绘着正在交配的两只羚羊，或者正面对峙的摔跤手，还有些壁画描绘的是死者日常生活画面及重要的生平事迹。

中王国时期的石窟陵墓中，最具有代表性的是位于尼罗河东岸，距离吉萨金字塔群201千米的贝尼哈桑墓。贝尼哈桑墓穴中，最有特色的就是陵墓内部的柱子：这些柱子犹如莲花，而陵墓外的一些柱子则被做成了八边或者十六边的菱形，顶部则以一块短小的方形石块作柱头。由于这种柱式与后来希腊的"多立克柱式"风格相近，因此也常被称为"前多立克柱式"。贝尼哈桑墓中出现的前多立克柱在之后埃及陵墓建筑中被广泛应用。

石窟墓的形制到新王国时期发展成熟，最有特色也最为美观的石窟墓是位于尼罗河西岸的——哈特谢普苏特女王的陵墓。在埃及的历史上，曾经有两位女人掌握过政权，一位是富有传奇色彩的克利奥帕特拉，另一位就是古埃及三大美女之一哈特谢普苏特。哈特谢普苏特是第十八王朝法老图特摩斯一世的女儿，是埃及的第一位女法老。在其夫图特摩斯二世死后，哈特谢普

【图35】 哈特谢普苏特女王神庙的廊柱

苏特作为太后辅佐年纪幼小的图特摩斯三世处理朝政。她重视贸易，以政治上的强硬著称，之后自立为法老。在这位女法老统治埃及的二十几年里，埃及无论是经济还是文化都得到了很大的发展，因此其石窟墓也建造得格外气势恢宏。

哈特谢普苏特女王的神庙（图35）与其他法老的神庙相比，本土风格最为薄弱。这座建筑群开凿于一座陡峭的山壁前，依山而建，分为三层。女法老的陵墓放弃了传统的陵墓布局，按照山崖的自然形状把整个建筑设计成叠升的三层带柱廊的建筑。依托着高大的岩壁，建筑色调简单纯净，岩壁与神庙相互衬托，整体看上去布局更加宏大开阔。这种使建筑本身与周围环境结合更为紧密的设计方式，大大降低了施工难度，增加了整个结构的气势。另外，石窟墓以水平线条为主，稳定的造型与高大的山体形成对比，显得庄重而威严。

哈特谢普苏特女王的陵墓巧妙地利用了断崖伸出的宽阔平台，经过雕琢，原本的山崖平台看上去就像是特意建造的陵墓建筑一样，既节省人力物力，又达到了恢宏大气的效果。每层平台前设廊柱和通廊，配有极细腻的浮雕，内容为女王降生、女王出访蓬特、众人搬运方尖碑等。三层平台中，第一层平台上的侧廊采用刻有凹槽的圆柱，比例协调、线条明快；第二层平台上的柱廊则采用国王祭庙特有的奥西里斯柱，每座圆柱前安放一尊身着奥西里斯式服装的女王像；台阶柱中央以平缓的梯道连接，最上层柱廊后面是殿堂本部，内殿则凿于山体之中。在陵墓内部，满墙壁都雕刻着表现女王生前丰功伟绩的壁画，通过这些壁画可以看到女王派遣船队和商队到其他国家进行贸易活动、带回大量财富的故事，还有在女王英勇的指挥下获胜军队归来的场景，以及一些宗教活动等。陵墓内原来还有女王的雕塑，但后来被继任的统治者破坏了。虽然历经三千多年，但大殿上的浮雕至今依然保存完整。

与古王国时期的金字塔相比，哈特谢普苏特祭庙并不注重本体建筑的恢宏，而是着重营造一个空旷的空间，将祭拜者纳入环境之中。另外，这座建筑成功地利用了天然地形，与周围环境和谐统一，从而被认为是古代建筑中和自然景观结合得最好的杰作之一。

法老

　　在古埃及，"法老"是国王的尊称，它是埃及语的希伯来文音译，意思是"大房屋"。在公元前2686—前2181年的古王国时代，"法老"指的是"王宫"，并不涉及国王本身。随着时间的推移，在新王国第十八王朝图特摩斯三世的时候，"法老"一词发生了变化，人们开始用"法老"这个词指代国王本身，并逐渐演变成对国王的一种尊称。到了第二十二王朝以后，"法老"一词正式成为国王的头衔。古埃及是中央集权的奴隶制国家，作为专制君主，法老掌握着全国的军政、司法和宗教大权。在古埃及，法老是国家的最高统治者，法老的意志就是国家的意志，就是法律。为了提高自己的权威，古埃及法老自称为太阳神阿蒙的儿子，并暗示人们，自己是神在地上的代理人和化身，不服从法老的意志就是违背神的意志，会受到上天的惩罚。

　　正因为如此，古埃及人才对法老疯狂地崇拜，官员们甚至以亲吻法老的脚而感到自豪。

岩窟里的神庙

拉美西斯二世（图36）是古埃及最伟大的法老之一，他也留下了很多杰出的建筑，位于法国巴黎协和广场中心的方尖碑就是拉美西斯二世留下的，除此之外，他的另一个传世建筑就是阿布辛贝神庙。

拉美西斯二世统治时期距离现在已经三千多年了，他在位期间，为了宣示国威，在阿布辛贝建造了这座大型岩窟神庙。这座神庙造型非常雄伟独特，是新王国法老王时代最重要的遗迹之一。阿布辛贝神庙包含两个神庙建筑，除了我们平时所指的大神庙，距离它50米左右的地方还有一座哈索尔神庙。这座神庙较小，是拉美西斯二世为他最宠爱的妻子奈菲尔塔利修建的。

阿布辛贝神庙最引人注目的就是背靠悬崖的大法老巨像（图37），共有四座，虽然其中一座毁坏了，但总体看上去仍气势恢宏、摄人心魄。法老巨像戴着独特的头巾，高20米，端坐在那里眺望远方，仿佛整个世界都在他们眼底，都归他们统治。

阿布辛贝神庙的法老雕像非常高大，但它们是从整体岩石上雕刻而成的，绝非是由一块块巨石拼凑出来的。古埃及人手法娴熟，无论是法老的巨像，还是周围的法老母亲、妻子、儿女的小雕像，都栩栩如生。这些大大小小的雕像历经三千多年的风雨洗礼，多数至今仍然完好无损，可见其石质之坚硬。这与古埃及人高超的选料水平是分不开的。想象一下，三千多年前，古埃及人从巨大的山体上用人工劈凿出这座宏伟建筑的时候，该有多么艰辛。

【图 36】　驾着战车的拉美西斯二世

阿布辛贝神庙整体高 30 米，宽 36 米，纵深 60 米，门前四座巨型石质拉美西斯巨像相当于是门墙。四座雕像中间两个相距较远，设置有神庙大门，跨进大门后，映入眼帘的是第二道门。从大门到第二道门之间，是一个柱廊大厅，两排巨大的石柱是这个大厅的主体建筑，正是这些石柱承受着洞顶山崖的压力，支撑着神庙内部的空间。石柱旁边伫立着威武的护卫，护卫们身着盔甲，整齐地分列在石柱左右，不分日夜守护着法老神庙。大厅四周刻满壁画，这些壁画内容都是与拉美西斯二世有关的，讲述着他的统治经历和丰功伟绩。拉美西斯二世有着强烈的统治欲，无论是壁画还是雕像，他都刻意将自己神化。

从第二道门进去，是神庙的大列柱室，大列柱室内部的主体建筑是八座高达 10 米的拉美西斯二世立像，这些立像模仿古埃及传说中统治冥界的神——俄塞里斯神。大列柱室内的雕刻非常精彩，在两侧的墙壁上，雕刻着拉美西斯二世在卡迭石（现叙利亚地区）和赫梯人激战的壮观场面。穿过大列柱室，就到了第三道石门前。

第三道石门后面是神庙的核心部分，在这个大厅尽头，有一间小石室，石室里面并排摆放着四座石像，从左至右分别是普塔赫神、阿蒙拉神、神格化了的拉美西斯二世、拉哈拉赫梯神。这四座石像就是整个神庙最神圣的部分，代表着古埃及最重要的神祇，拉美西斯二世将自己和古埃及最重要的神放在一起，可见其雄心。

神庙里本应供奉着神，这并没有什么神奇的地方，庙门外的四座 20 米高的雕像虽然雄伟，但是由于工程更浩大、技术更复杂、年代更久远的金字塔存在，也似乎没有什么，这个神庙最神奇的地方就在于它的设计者巧妙运用天文、建筑、物理知识造就了一个奇观。按照拉美西斯二世的要求，神庙建成之后，只有在他的生日和登基日，阳光才能从神庙大门射进来，穿过 60 余米深的走廊，照耀在石室中右边三座雕像上，20 分钟之后，阳光转移，再也照不进来了，只能等法老的下个生日或者登基日。埃及人们将这个奇观称为"太阳节奇观"。

太阳节奇观的设计到底有多精妙，通过一件事就能够看出来。20 世纪 60

【图 37】 阿布辛贝神庙门前的大法老巨像

年代，神庙附近修建阿斯旺水坝，这个水坝将导致神庙被淹。为了保护遗迹，联合国决定将神庙切割并上移60余米。当时，国际一流的科学技术人员运用最先进的测算手段，小心翼翼、费尽心思，最终虽然保留了太阳节的奇观，但是太阳照进来的时间出现了一天的误差。三十多年前的科学家没能做到的事情，古埃及的建筑师在三千年前就做到了，由此可见古埃及建筑师技艺的高超，这也是阿布辛贝神庙建筑的精粹所在。

第六章

神庙与人：
古典时代的建筑遗迹

古希腊的建筑布局及宏伟和谐的建筑风格都为之后的西方建筑奠定了古典风格的基调。而古罗马是当时世界上最大的帝国，繁荣强盛，无人能及。希腊和罗马的建筑风格反映了他们各自的生活和文化，两者对后来建筑的发展影响至今。

【图38】 帕特农神庙

雅典娜的神庙

帕特农神庙（图38）是雅典卫城的主体建筑，坐落在卫城中一块巨大的高地之上，无论是建筑坐落的高度还是建筑规模都凌驾于其他建筑之上。从雅典城各个方向都可以看到位于卫城顶端的神庙。帕特农神庙是古希腊建筑艺术的纪念碑，被称为"神庙中的神庙"，有"希腊国宝"之称。

帕特农神庙是供奉雅典娜女神的神庙，"雅典"之名即源于此。传说海神波塞冬与智慧女神雅典娜的战争，源于他们争夺雅典城的守护权。最后他们达成协议：能为人们提供最有用东西的人，则成为雅典城的守护者。波塞冬送给人类一匹骏马，象征着战争，而雅典娜送给人们一棵枝叶繁茂、果实累累的油橄榄树，象征着和平，希望人们不再有战争。人们渴望和平，不要战争，为此雅典娜得到了民众的拥护，取得了雅典城的守护权。

公元前490年，希腊人打败了波斯人，以此为契机，他们为雅典的守护神雅典娜建造了新神庙。但是，十年之后，波斯人占领雅典，破坏了神庙，雅典人异常恼怒，将波斯人赶走之后，他们保留了神庙遗址。公元前450年，雅典人在伯里克利领导下，再度将希腊的军事和经济发展到了高峰，于是，他们聚集最好的建筑师，在卫城顶端建造出了惊世之作。

帕特农神庙背西朝东，耸立于三级台基上，整个神庙由凿有凹槽的46根大理石柱环绕（图39）。有资料显示神庙基座长69.54米、宽30.89米，除屋顶用木材以外，神庙其他部分都是由晶莹洁白的白色大理石建造而成，另外，

【图 39】　帕特农神庙的廊柱

庙内的建筑还用了大量的镀金饰件。神庙四周采取八柱的多立克柱式，东西两面是 8 根巨柱，南北两侧则是 17 根巨柱，柱高 10.5 米，柱底直径近 2 米，属于典型的多立克柱式标准。两坡顶东西两立面的山墙顶部距离地面 19 米，其立面高与宽的比例为 19∶31，接近希腊人喜爱的"黄金分割比"。这样的黄金分割比使帕特农神庙整体看上去无比和谐美观，就像是"凝固的音乐"一样，让人陶醉其中。

神庙有两个主殿：祭殿和女神殿，从神庙前门可进祭殿，穿过柱间走廊就是后门。踏进后门可入女神殿，也就是内殿。柱间的用大理石砌成的 92 堵殿墙上都布满了雕刻装饰；内殿四周刻画着雅典一年一度的节日的游行盛况：有欢快的青年、美丽的少女、拨琴的乐师、献祭的动物和主事的祭司。

帕特农神庙内殿供奉着设计师菲迪亚斯雕刻的作品——雅典守护神雅典娜神像。神像是雅典娜的站立像，长矛靠在雅典娜的肩上，盾牌放在她身边。雅典娜右手托着一个黄金和象牙雕制的胜利之神：黄金铸成的头盔、胸甲、袍服色泽华贵沉稳，象牙雕刻的脸孔、手脚、臂膀显出柔和的色调，宝石镶嵌的眼睛炯炯发亮。神像设计灵巧，可以搬动或转移隐蔽。这种由名贵象牙和黄金雕刻的雕塑，一般都是小型的，但是雅典娜神像高 12 米，由此可见当时希腊的富足和万丈雄心。为了容纳这座高达 12 米的雅典娜神像，建筑师因此设计了一个达 18 米宽的巨大内殿，在技术上较为创新的是，内殿柱式采用的双列式柱廊围绕在巨像的左右和后方，将雅典娜的神像纳入其中，这与当时将柱列由前至后的排列方法有所不同。

遗憾的是，这座由古希腊最伟大的雕刻家菲迪亚斯精心制作的艺术珍品，在 146 年被东罗马帝国的皇帝掳走，在海上失落了，现在人们只能根据古罗马时代的小型仿制品来想象当年雅典娜神像的英姿。

帕特农神庙的经典不仅仅在于其建筑方面的巧妙宏伟，在雕刻上也很有艺术特色。除最主要的雅典娜神像之外，神庙前厅外围檐壁用一条爱奥尼亚式的装饰带，以浮雕形式表现雅典人民庆祝大泛雅典娜节的盛况。这面大型浮雕带从神庙门廊延伸到南北两面墙上，绕行大殿一周，连为一体。浮雕总长 160 米，人物超过 500 个，人物形象各具特色。值得注意的是，这座神庙最重要的浮雕并不是表现统治者和神祇，而是将视角放在普通民众身上，纪念大众的社会活动。这种创新非常大胆，从侧面反映了当时雅典的民主政治已经非常先进了。

古希腊神话人物

相传，古希腊最早的神明来自一片混沌之中，他们大多是一些无生命的物质和自然的代表，比如天神乌拉诺斯、地神盖亚等，他们象征了一种生命起源的基础。随后，天神乌拉诺斯的儿子克洛诺斯推翻了父亲的残暴统治夺取了权力，成为众神之主。克洛诺斯担心自己最后会落得和父亲一样的境地，于是吞噬了自己的孩子。但是最小的儿子宙斯在母亲的帮助下免遭劫难，在克里特岛逐渐成长，并且羽翼丰满。于是，宙斯推翻了父亲的暴政，并且强迫父亲吐出了他之前吞噬的兄弟姐妹，这其中就包括赫拉、哈迪斯、波塞冬等。

这些新的神明在圣山奥林匹斯山，簇拥着宙斯登上了众神之主的宝座。他和他的兄弟、妻室及子嗣等就共同组成了著名的奥林匹斯十二神。虽然这十二神的名单在不同场合有些出入，但这并不会改变这十二位神明在古希腊神话、信仰中的地位。一般认为这十二神是：众神之主宙斯、天后赫拉、海神波塞冬、冥王哈迪斯、太阳神阿波罗、女战神雅典娜、爱神阿弗洛狄忒、月神阿尔忒弥斯、战神阿瑞斯、匠神赫菲斯托斯、农业女神德墨忒尔，以及神之使者赫尔墨斯。

米诺斯宫，《荷马史诗》中的宫殿

　　在《荷马史诗》中，有关于古希腊米诺斯国王的记载，传说他修建了巨大的宫殿，但是千百年来人们一直找不到这个宫殿在哪里，因此人们更倾向于这是一个传说。但是，1900 年考古学家在地中海的克里特岛上发现了传说中的米诺斯王宫，证实了这个传说。米诺斯宫也成为古希腊宫殿建筑的代表作（图 40）。

　　米诺斯宫的发现者是著名的英国考古学家阿瑟·伊文思。其实早在他发现米诺斯宫的几年前，另外一位考古学家——曾经发现特洛伊遗址的海因里希·谢里曼便认定了米诺斯宫遗址的所在地，只是因为没有和那块土地的所有者就赔偿条件谈好而作罢。伊文思起初只是发现了一些工艺品，但是随着发掘的深入，一个宫殿渐渐露了出来，最终通过出土的文物和壁画得知，这里竟然就是古书中记载的米诺斯文明所在地。

　　米诺斯宫的修建时间大约在公元前 2000—前 1600 年，是一座依山而建的庞大建筑群。王宫的样式非常特别：院子在中央，院子四周建满了房间。因为这个地区是地震频发地区，所以王宫内的房间都不算太大，并且层数很少。众多房间由复杂曲折的回廊、楼梯来连接，那些起支撑作用的柱子往往上粗下细，被涂成黑色或者红色，别具一格。

　　在中央院子四周，遍布各种房间，东边的房间是国王、王后居住的地方，有国王起居室、王后起居室、正殿、库房等；西边的房间用来做仓库，里面

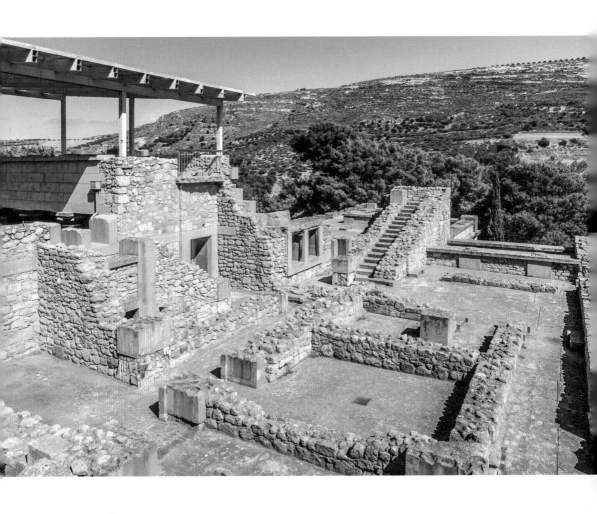

【图 40】 米诺斯宫遗址

并排着很多大缸，不知道是用来储存食物还是酿酒的；北边有一座剧场，是露天设计；在东南边上有出口，通过阶梯可以走到山脚下。

米诺斯宫因为是依山而建，所以在布局上并不讲求对称，看着那些有些杂乱的宫室，甚至让人觉得有些随意。因为房间随意，加上高低不平，就需要用大量的门厅、长廊、阶梯将它们贯穿起来，由此一来，更显得繁复。

米诺斯宫的内部装饰非常精美，每个房间的墙上都绘有亮丽的壁画和几何形的纹饰，十分漂亮。长廊上也有壁画装饰，虽然已经存在了三千多年，但看上去依旧十分鲜艳，据说是因为所用的原料来自当地的植物和矿物。壁画的题材也十分丰富，有的描绘了欢庆的舞蹈队伍，有的描绘了祭祀时向神灵献祭品的情景，有的描绘了比赛的激烈情形，还有的干脆是动物和风景像，如牛、海豚等。这些壁画中，《戴百合花的国王》最有名，位于院子南边的一间宫室中，画中国王头戴孔雀羽王冠，上面插有装饰用的百合花，身着短裙，用皮带束腰，正在花丛中悠然散步。

考古学家曾经在米诺斯宫遗址中发现了大量泥板，泥板上刻着一些线条文字，这样的文字同时还出现在了一些王宫中的器具上。经过多年研究，这些线条文字终于被破解，原来那些泥板上记载的是当年米诺斯宫的收支情况。其中既有王宫的各项支出，也有国王收来的税赋。

米诺斯宫遗址中体现出来的建筑水平、艺术水准都非常高，充分体现了古希腊文明所达到的高度。米诺斯宫中的王后居室中，不但装修豪华精美，还有冷热水交替的浴池、抽水马桶等设备，排水设施也十分先进。

米诺斯文明所在的克里特岛虽然离希腊大陆很近，但两者之间还是存在很大的不同，无论是文字、制陶，还是冶炼，都要比希腊大陆先进，对希腊半岛上的其他民族有很大的影响。

米诺斯宫的发现对欧洲史影响巨大，当初迈锡尼文明的发现使得欧洲历史提早了一千年，而米诺斯宫的发现，又将欧洲史提早了一千年。米诺斯人在克里特岛上创造出如此灿烂的文明，影响到了后来的整个爱琴海领域，使这一地区成为欧洲文明的发源地之一。

德尔斐，大地的中心

德尔斐是希腊最古老的城市之一，位于帕尔纳索斯山脚下，当初人们曾将这里视为大地的中心，因此有"地脐"之称。德尔斐最有名的要数德尔斐神谕和阿波罗神庙。

德尔斐神谕在当时非常有名，被看作是最接近上天旨意的神谕。据古人记载，德尔斐神庙位于帕尔纳索斯山陡峭的山坡上，那里有一个小小的平台，石头上开有一道缝隙，并有凉气冒出。当时的女预言者被称作"皮蒂娅"，她们坐在石缝边上，等被凉气吹得头脑发昏就开始在嘴里念叨一些词句。这时候，祭司要将皮蒂娅的话记录下来，这些文字便是神谕。因为十分灵验，每年都有大量的朝圣者来这里求神谕。

起初德尔斐神庙并非敬奉阿波罗，而是大地女神盖亚，传说中阿波罗杀死了看守神庙的巨蛇后占据了神庙，这里才改为阿波罗神庙。当时希腊每八年都会举行一次盛大的竞技大赛，就是为了庆祝阿波罗神庙的建立。

德尔斐的阿波罗神庙在古希腊地位很重要，无论是个人的烦恼，还是国家的政策，人们都会来这里求神谕指点，单是来这里求神谕的古希腊、古罗马帝国国王就数不胜数。在当时，进入阿波罗神庙需要先用卡斯泰尔泉水沐浴，泉水与神庙之间修有专门的道路。

因为在阿波罗神庙之前，这里便已经有神庙存在，所以其具体的建造年代很难确定。历经千年风雨，阿波罗神庙已经不复当年，只有遗址残存，成为历史的见证。

如今的阿波罗神庙遗址（图41）上，还能看到一些完整的圆柱和基座。正殿长60米，宽23米，四周有圆柱围绕，长的一侧为15根，短的一侧为6根。在古希腊，这样样式的神庙很常见，四周用圆柱支撑，圆柱间再用大理石砌成墙壁，墙壁外修上回廊，宏伟壮丽。

在神庙的山花壁面，原本有很多名人的雕像，据记载，这些名人包括阿波罗、阿耳忒弥斯、勒托、赫利俄斯等人。在浮雕、雕像的装饰下，整个山花壁面多姿多彩。但是时至今日，人们能看到的只有胜利女神的雕像，再就是一些雅典娜女神雕像的残片。

神庙的入口设在东边一侧，当时人们坚信只有正直的人才能进神庙，所以名声不好的人不允许进入。在神庙入口的前面，有一座祭坛，是用白色大理石修建的，据说建于公元前5世纪。

主殿是阿波罗神庙的中心，殿中被两排柱子隔成了三部分。在过去，这里摆放着大量的雕塑作品，有石雕的，也有铜制的，此外还有祭台和长明灯。西边一侧的墙上开有一个门，里面是内殿。神庙墙壁上挂满了战利品和友邦送的礼物，此外墙上还刻着当时希腊七贤的格言，每人一句。

虽然雕像到今天已经所剩无几，但是不得不说雕像是阿波罗神庙中非常重要的一个元素。在古代，无论是国王还是百姓，对神庙都非常大方。当时通往神庙的大路两旁，摆满了各城市人民送来的雕塑礼物，有的是石雕的，有的是铜制的，题材多种多样，有动物，如铜牛、铜马；有神话人物，如狄俄斯库里兄弟、宙斯、阿波罗、阿耳忒弥斯和波塞冬等；有军事统帅，如战胜波斯人的雅典统帅米提亚德等。19世纪末，考古学家在阿波罗神庙外面发现了一座高约2米的狮身人面雕像，用花岗岩雕成，是当时纳克索斯岛居民赠送的。

在当时，任何人都可以向神庙赠送礼物，这些礼物以雕塑为主。就这样，神庙里面堆满了雕塑作品，有几千件之多。在以后的时间里，这些雕塑要么被偷走，要么被损毁，据说单是古罗马皇帝尼禄就掠走了500件，其中就有著名的三头蛇雕像。因为雕像越来越多，神庙修建了一座"宝库"，专门用来

【图 41】 德尔斐阿波罗神庙遗址

存放这些受赠的雕塑，这种做法后来在其他神庙中也流行开来。

公元前1世纪，阿波罗神庙迎来了厄运。古罗马军统帅苏拉占领了此地，并指挥下人将阿波罗神庙洗劫一空。神庙里面的金银艺术品，大理石、青铜雕像，凡是能搬走的贵重物品都被搬走了，不能搬走的则被损毁了。阿波罗神庙由此开始衰落。

阿波罗神庙周围还有一个巨大的露天剧场，修建于公元前4世纪，有38层台阶，能坐5000名观众，至今仍能使用。西边有一处巨大的竞技场，从高处看，整个竞技场呈马蹄状。场地里有红色的泥土地面，跑道约长178米，周围有石条垒成的环形看台。这些遗址同阿波罗神庙遗址一起，成为人们了解古希腊文明的重要场所。

太阳神阿波罗

太阳神阿波罗是宙斯的儿子，外貌俊美且英勇善战，尤其擅长使用一张金弓。

一天，阿波罗看见爱神正在摆弄弓箭，姿势有些笨拙，说："弓箭是一种极其厉害的武器，你的射术永远也无法超过我。"爱神飞到高空，从箭囊中掏出两支箭矢，一支能够唤起人心中的爱意，另一支则唤起人的厌恶。他将第一支箭射向了阿波罗，而用另一支箭射中了河神女儿达芙妮。

从此之后，阿波罗便疯狂地爱上了本就美丽动人的神女达芙妮，而达芙妮则很讨厌阿波罗。只要阿波罗一想靠近达芙妮，她便飞奔逃跑（图42）。阿波罗因此也加快了追赶的脚步，眼见马上要接近自己的心上人了，可是达芙妮在此时消失不见了。原来正当阿波罗接近时，达芙妮向自己的父亲求救，于是河神将女儿变成了一棵月桂树伫立在河岸。从此，桂冠成了阿波罗最重要的佩饰。

【图 42】 ［意］贝尔尼尼《阿波罗和达芙妮》

"末日"城市庞贝

　　庞贝城位于意大利坎佩尼亚地区，距离罗马 240 千米，是一座历史悠久的千年古城。79 年维苏威火山爆发，庞贝城被火山灰瞬间掩埋，直到 1748 年，人们才开始发掘这座"地下之城"，当年古罗马人的生活被完整、真实地呈现在人们眼前，庞贝城由此成名。

　　庞贝城是古罗马帝国最繁华的城市之一，早在公元前 6 世纪便已经存在。最初这里被希腊人和腓尼基人用来当作港口，后来萨姆尼特人占领了这里，开始大规模扩建。公元前 80 年，罗马军队占领了庞贝城。庞贝城借助港口的地理优势，逐渐发展成为一座繁华的商业城市。79 年 8 月的一天，厄运降临，距离庞贝城不远的维苏威火山突然爆发，火山灰很快便将庞贝城掩埋，庞贝城里的人毫无防备，连同整座城市一起一夜之间消失在了"地下"（图 43）。

　　从 16 世纪开始，人们陆续在这里发现了古罗马时期的文物，有的是刻字的石碑，有的是女性雕像，人们只是想这里地下可能有古代的遗址，但从未想到整座庞贝城就在脚下。直到 1748 年，人们发现了被火山灰包裹的人体，才记起那座一千多年前伴随着火山爆发突然消失的古城。随即，挖掘工作展开，渐渐地，这座繁华的古代都市展现在了人们面前。

　　庞贝城东西长 1200 米，南北宽 700 米，有七座城门。庞贝广场是这座城市的中心，城里的主要大道都是从这里辐射出去的，其中主街宽 7 米。这些大街都是用石板铺成，还巧妙地设计了一些凸起的石阶，下雨的时候方便

【图 43】　［俄］布留洛夫《庞贝的末日》

通行。当时庞贝城的水利设施十分完善，水渠密布，雨水能够得到及时排泻，饮用水的供应能够得到及时满足。当时市内最主要的建筑都分布在广场周围，比如市政中心大会堂、神庙、公共市场、圆形大剧场，等等。

庞贝城的市政中心大会堂可以容纳几千人，而当时整座庞贝城的人口也不过两万人。大会堂正面有 5 个入口，正厅两边还有侧厅，正厅和侧厅由 32 根柱子支撑。市政中心大会堂是市民们进行政治集会的场所，审判犯人、颁布法律、解决争议都在这里进行。会堂的墙上不但有希腊风格的装饰画，还有各类刻辞，真实地反映了当时人们的精神生活。

庞贝城内不缺乏神庙，其中阿波罗神庙是最大的一座。当时的庞贝人信奉阿波罗，认为他掌管世俗的一切事务，并且能预言未来。今天，透过那些台阶和宏伟的庙柱，人们可以感受到这座神庙昔日是何等宏伟。此外，庞贝城里的爱神庙、公共家神庙（佩纳特斯）、朱庇特神庙和纪念皇帝的神庙也都规模宏大，各具特色。

在市中心广场东侧，是庞贝人的市场。这个综合性市场面积很大，出售衣食住行的各类用品，甚至还有洗衣店和拍卖市场。庞贝城是一座港口和商业城市，商品贸易是这个城市的支撑。今天，通过那些遗迹，人们可以感受到当年这里人来人往的繁华景象。

庞贝城内有多座剧场，其中一座圆形斗兽场比著名的罗马斗兽场建得还要早。观赏决斗和斗兽是当时人们重要的娱乐活动。除了角斗和戏剧，这些剧场里面还举办体育比赛。剧场墙上一般绘有壁画，如狩猎图、格斗图，真实反映了这些剧场当时的用途。

古罗马人的生活中，浴场是个非常重要的场所，这一点在庞贝城中也有体现。庞贝城内发现的三座浴场中，规模最大、保存最完整、历史最悠久的是斯塔比亚浴场，里面更衣间、泳池、浴室一应齐全，石柱上刻满了浮雕，地板被设计成两层，不断有蒸汽冒出，以保持室内温度。在当时，这座浴场不仅仅用来洗澡，还是上等人交际的场所。

在庞贝城中，有不少有钱的富豪，他们的建筑也非常有特色。富人们家的大门都很气派，正厅可高达 10 米，有的正厅还会在上方开一个洞，让雨水流进正厅中央的水池中。如此一来，正厅既是建筑，又是景致。其他建筑围绕正厅修建，比如主人的办公室、卧室、会客厅等。这些房间大多有壁画装饰，十分奢华。

庞贝古城的发掘工作只进行了三分之一，但它所呈现的古城面貌让人震撼不已。每年都会有无数的游客从世界各地来到这里参观，体会古人的生活方式，感受古人的生活乐趣。庞贝古城被联合国教科文组织列入世界文化和自然遗产。

献给万神的神庙

万神庙（图44）位于意大利首都罗马圆形广场北部，是古罗马建筑的代表作，同时是罗马帝国时期建筑物中唯一完整保存至今的，体现了古罗马建筑的伟大。

万神庙始建于公元前27年，主导者是古罗马军统帅阿格里帕，这座神庙是为了纪念当初屋大维打败安东尼和埃及艳后的联军而修建的。之所以称其为"万神庙"，是因为这座神庙供奉的是诸神。在这一点上，古罗马的神庙和古希腊的神庙有很大不同，古希腊一般一座神庙只供奉一位神，而古罗马的神庙则是同时供奉很多神。

80年，一场大火让万神庙被毁掉。120—124年，皇帝阿德良对神庙进行了重建，也就是今天我们所看到的模样。

万神庙建造在有三层台阶的台基上，整座建筑由门廊和神殿组成。门廊呈矩形，约宽33米，长18米，由16根巨大的大理石石柱支撑着三角形的檐墙。这些柱子约高14米，直径1.4米，是典型的科林斯柱式。柱子顶端有蔓藤样式的装饰，下面有图案装饰，显得既庄严又华丽。

神殿四周墙壁有6米厚，墙上没有开窗，不过有彩色的大理石和镶铜做成的装饰物，并开有八个壁龛，既起到了装饰作用，又减轻了墙体的承重。这种壁龛的建筑样式十分具有开创性，在后来欧洲各国的教堂中经常会出现。整个万神殿由8根巨大的拱壁支柱支撑，除此之外没有别的承重载体。

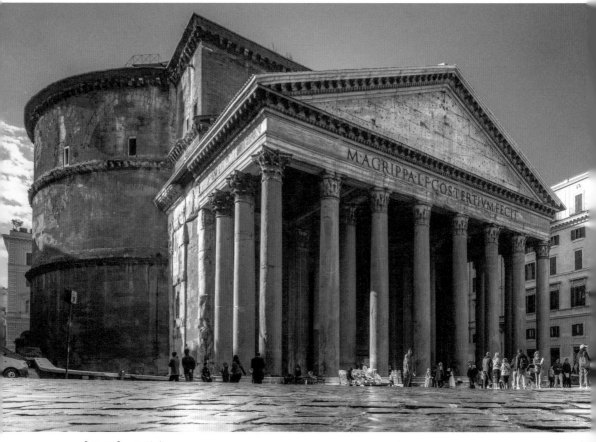

【图 44】 万神庙

　　万神殿顶端的半球形屋顶十分壮丽，这个半球形屋顶下面覆盖的穹顶跨度达 43.3 米，穹顶距离地面的高度也是 43.3 米，穹顶上部厚度为 1.5 米。万神庙的这个圆顶起初被认为是建在神殿的第二层之上，由砖和混凝土砌成，但是在 20 世纪 30 年代人们对万神庙进行修复时才发现，事实并非如此。这个圆形穹顶里面没有骨架支撑，也并非是建在神殿第二层之上，而是直接修在了第三层上。直径跨度如此大，且没有砖砌的支撑骨架，这个穹顶简直是建筑史上的一个奇迹。一直到 19 世纪之前，万神庙的这个穹顶都是世界上跨度最大的建筑物，这个记录万神庙保持了近两千年。拱顶不是古罗马人发明的，但是在使用和创新方面，他们发挥到了极致。能造出如此有想象力的巨大穹顶，背后是古罗马建筑师高超的技艺和精确的计算水平。

巨大的穹顶是用混凝土制成的，材料中火山灰占了很大的比例。越是到顶端，使用混凝土的比例越小，这样做是为了减轻穹顶的承重，到了最顶端，用的是最轻的浮石。穹顶内部，壁上全是一个个凹陷进去的格子，上下共有5排，每排28个，这样做也是为了给穹顶减负。据说原先这些格子里面放着镀金的玫瑰花饰物，现在已经不见了。在穹顶的最顶端，开有一个直径8.9米的大天窗。这个天窗设计得非常巧妙，一来减轻了穹顶的重量，二来让阳光照射进大殿，弥补了大殿四周墙壁没有开窗的缺陷。从宗教上来讲，这个天窗象征着人世间与上天众神之间的联络，虔诚的信徒可以在这里升天。

迄今为止，距离最初修建万神庙已经过去了将近两千年，万神庙虽然被多次修缮，但依旧保持了最初的模样，无论是地板上的图案，还是天花板上的方格。从609年被教皇改为基督教的礼拜堂开始，至今万神庙一直被当作天主教教堂使用，它还有另外一个称呼：圣玛利亚圆形教堂。

马塞卢斯剧场

古罗马人喜欢观赏戏剧，这样剧场就成了非常重要的公共建筑。

古罗马人的剧场都是依山而建，借助山坡修建看台，这就要求剧场的选址需要考虑到地势。著名的马塞卢斯剧场打破了这一限制，它建在台伯河边的一处地势平坦的空地上。当时混凝土技术已经开始使用，马塞卢斯剧场借助这一技术，层层架起了观众席，使之保持同心圆的结构。马塞卢斯剧场的观众席直径达129.8米，可以容纳两万名观众，在当时是世界上最大的剧场。

可惜马塞卢斯剧场后来遭到很大程度的破坏，内部的舞台和剧院的第三层都被损毁，底下两层成了商店，内部也被改建成了住宅。

罗马城的公共浴场

在古罗马，浴场是非常重要的公共建筑。浴场不仅被用来洗澡，还是娱乐和交际的重要场所，由此也产生了古罗马建筑中特有的公共浴场建筑。

因为要满足多样的功能，所以古罗马的浴场建筑都比较复杂。起初，浴场中的所有房间都在地上，所以外形上不容易对称；到了后来，古罗马建筑师将辅助功能的房间安排在地下，地上只保留主要功能的大厅，如此一来，外形上就好掌握了。这些浴场的地板和墙壁都会散热，以保持室内温度恒定，这需要在地板和墙壁里面安装管道。为了有更宽敞的空间，浴场使用石拱屋顶，这也是最早在民用的建筑中使用这种技术。

最初，古罗马的浴场都是私人的，并且只有富豪才享用得起。公元前19年，一个公共浴场建成，当时的罗马首席执行官出席了落成仪式。从此之后，公共浴场成为流行的交际和享乐场所，于是开始大规模兴建浴场。据记载，当时仅罗马城就有公共浴场400多座。随着公共浴场的兴起，再加上皇帝对此也很感兴趣，古罗马时期的建筑师们将大量的精力都放在了公共浴场的兴建上。这些浴场的规模越来越大，穹顶越来越高，空间越来越开阔，墙壁和廊柱的装饰也越来越华丽，雕塑、壁龛、纹饰等等，别的建筑中有的装饰物这里也一应俱全。60年，尼禄皇帝甚至自己动手，设计了尼禄大浴场，面积达3000平方米，一条条大道连接着中央大厅和各个浴室。

古罗马进入帝国时期之后，规模更大的公共浴场开始出现，先是80年左

【图 45】　卡拉卡拉浴场

右建造的提图斯浴场，它是后来很多大型浴场的原型；再就是 104 年开始修
建的图拉真浴场，由著名建筑师阿波罗多洛斯设计，规模是提图斯浴场的两
倍；其中最有名的要数建于 3 世纪的卡拉卡拉浴场（图 45）。

　　卡拉卡拉浴场长 412 米，宽 383 米，下面建有 6 米高的台基。建筑外形
对称，众多建筑虽然看着繁复，但是内部功能秩序井然，非常成熟。卡拉卡
拉浴场的主体建筑是浴室，大厅占地约 2.7 万平方米，可以满足 1600 人同时
洗浴。按照顺序，主体建筑中南侧的是凉水浴场，这个浴场是露天的，同时
可以用帐篷遮挡；中间是温水浴场，这是主体建筑的中心，顶部开有侧窗，
满足大厅的采光需要；北侧是热水浴场，这个圆形大厅穹顶跨度 35 米，高 49
米，非常壮观。三个浴场一字排开，两侧是各种功能的房间，有更衣室、冲
凉室、按摩室、蒸汽室等，此外，还有很多其他功能的建筑都设在地下。这
座大浴场是综合型建筑，主题建筑之外有很多小院子，供人散步聊天；周边
有花园，再之外还有商店、竞技场等设施。

　　卡拉卡拉浴场的设计非常人性化，身在其中，足不出户，便可满足一切
需求。浴场虽然房间厅室繁多，但采光充足。墙壁中和地板下都铺有管道，
有供水、排水用的，也有循环散热用的，保温有的时候是用热水，也有的时
候用热烟。浴场的穹顶用混凝土建成，既有采光用的窗户，也有散气用的排
气孔，十分完备。装饰上，卡拉卡拉浴场内部可谓富丽堂皇，地面和墙上均
贴有马赛克，还有来自各地不同的大理石装饰物，很多墙壁上绘有壁画，不
少出自名家之手；壁龛中摆放着名人雕塑，柱子顶端和底端都有美丽繁复的
花纹装饰；一些房间的墙壁和内部设施还设计成多样的曲线形状。

　　卡拉卡拉浴场是一个繁杂但又统一，有着强烈节奏感但又暧昧的建筑，
是古罗马浴场建筑的代表作。

人与野兽的死亡竞技场

罗马斗兽场（图46）也被称为罗马竞技场，是古罗马时期奴隶主、贵族和有自由身份的市民观赏奴隶角斗和斗兽的场所，已经成为古罗马的象征。如今这个斗兽场只有遗迹残存，坐落在意大利首都罗马市中心。

72年，罗马皇帝韦斯帕芗为了庆祝征服耶路撒冷胜利，犒劳得胜归来的将士们，同时彰显古罗马帝国的伟大，下令修建罗马斗兽场。这里原先是尼禄皇帝的"金宫"所在地，不过金宫已经在八年前毁于火灾。有人说修建罗马斗兽场动用了俘虏来的八万奴隶，也有人说是用把奴隶卖掉换来的钱修的，而不是奴隶修的。这两种说法后者更可信，因为从建成之后的斗兽场来看，操作者都是专业的建筑工人。

罗马斗兽场外形呈椭圆形，最大直径为188米，最小直径为156米，中心的表演区长轴为86米，短轴为54米。古希腊的剧场往往建在山坡上，观众席借助山坡逐层上升，剧场一般呈半圆形。罗马斗兽场从中吸取灵感，相当于将两个古希腊剧场对接，造就了圆形剧场。

斗兽场内约有60排座位，按照身份等级分为五个区（图47）。最下层前排是荣誉区，坐在这里的是元老、长官和祭司等人；贵族区的席位专供贵族使用，此外还有富人区、普通公民区和专供底层人使用的区域，底层人使用的区域中没有座席，观众只能站着。即便是在同一个区中，人们也会根据身份和职业坐在不同的地方。罗马斗兽场虽然面积很大，但是观众席平均62度

【图 46】 罗马斗兽场

的坡度保证了坐在任何一个角落都能很好地观赏比赛。

罗马斗兽场的围墙高达 57 米，分为四层，底下三层为环形拱廊设计。比较有意思的是，这三层的柱式依次为多立克式、爱奥尼式和科林斯式，这是古希腊建筑中最具代表性的三种柱式。第四层为顶阁，檐下设计有 240 个中空的凸起，是安插支撑天篷的木棍用的。在当时，如果遇到下雨或者烈日天气，会有士兵负责撑起天篷。这些天篷并非固定的，水兵可以像在船上控制风帆那样进行调整。

在斗兽场的底层，有 80 个入口供观众进出，此外每一层都有很多出口，这样的设计保证了巨大的人流可以在很短的时间内迅速疏散，不会出现拥堵。后来的体育场等大型公共设施建筑都采用这种方式来保证安全。罗马斗兽场可以容纳近 9 万人，据说全部疏散用不到十分钟。

地上部分的斗兽场十分宏伟，地下部分的建筑同样壮观。斗兽场下面设有地窖，角斗士和猛兽在上场之前便被关在这里。当表演开始的时候，他们乘坐专门的升降机来到地面上。斗兽场还建有完善的输水设施，当初为了表演海战的场景，曾经引水进来，在场中央设置了一个人造湖。

罗马斗兽场的主要建筑材料是石头，当初为了从附近的提维里往市中心运石料，还专门修建了一条大道。罗马斗兽场具体用了多少石料，这个数字不得而知，但光是用来连接石头的抓钩就耗费了 300 吨铁。

217 年，斗兽场曾经遭遇雷击，部分建筑毁于火灾。238 年，斗兽场被损毁的建筑得以修复。442 年和 508 年的两次大地震都对斗兽场造成了严重的损坏。523 年，斗兽场开始禁止举行角斗和斗兽比赛。中世纪时期，斗兽场没有得到维护，进一步损毁，甚至有一段时间被用来当作碉堡。到了 15 世纪，人们为了建教堂和枢密院，竟然从斗兽场上拆卸石料。直到 1749 年，罗马教廷宣布斗兽场为"圣地"，这种损毁才被制止。

虽然至今还没有人知道罗马斗兽场的建筑师是谁，但无论从规模上、结构上、技术上，还是功能上来看，斗兽场都是古罗马建筑中最具代表性的作品，堪称一个奇迹。

【图 47】　罗马斗兽场内景

【图 48】 全副武装的角斗士

角斗士

在斗兽场中，参与角斗者主要是奴隶和战俘，他们会在专门的角斗学校进行训练，然后再出售给经营角斗表演的商人，参与各种竞技。他们要和野兽及其他角斗士进行不同规模的竞技。角斗士根据经验和战绩的不同，有不同的装备（图48）。高级的角斗士拥有精良的武器和护甲，而刚开始职业生涯的角斗士，往往只有鱼叉、短剑之类的武器。

罗马人也给予了角斗士很高的荣誉。杰出的角斗士被视为艺术家，拥有大量的崇拜者，人们对他们的追捧丝毫不亚于现在的体育明星。有些十分杰出的角斗士甚至可以获得皇帝赐予的荣誉，并获得自由。

除了简单的对战，罗马人也十分喜欢在角斗场内重演著名战役，再现辉煌的历史。角斗竞技也遵守严格的规范，并非一味地生死相搏。在角斗中失败的一方会接受皇帝或祭司的裁决。在征求观众的意见时，观众会将拇指朝上或朝下来决定失败者的生死。

第七章

传承与创新：
意大利与英国建筑

　　意大利位于古罗马帝国的核心地带，在文化上秉承了古罗马帝国的传统，建筑方面也不例外，无论是古希腊、古罗马时代的古典风格，还是中世纪的哥特风格，意大利都贡献了最伟大的作品。英国有悠久的历史、深厚的文化，是一个古老的国家，同时它又锐意创新、勇于探索，成为世界上第一个君主立宪制国家，以及第一次工业革命的主导者。英国的建筑同它的历史一样，尊重传统，勇于尝试。

【图 49】 ［意］提埃波罗《威尼斯圣马可广场》

威尼斯的保护神——圣马可大教堂

圣马可大教堂（图 49）位于威尼斯市中心的圣马可广场上，曾经是中世纪最大的教堂，也是世界上最有名的大教堂之一。这座教堂是威尼斯建筑的经典，内部陈列着丰富的艺术品，更重要的是它已成为威尼斯的象征，威尼斯人的信仰、荣耀、富足、骄傲，都凝聚在这座大教堂上。

圣马可是福音书的作者，一次，他在传教途中突遇暴雨，被迫停留在了威尼斯的一座小岛上。他在岛上梦见了一位天使，天使告诉他这里就是他长眠的地方。后来圣马可去世，被葬在了亚历山大，但是两位威尼斯商人偷偷把他的尸体运到了威尼斯，天使的预言实现了。威尼斯人将圣马可安葬在了威尼斯，并把他看作是威尼斯的保护神。829 年，也就是安葬圣马可的第二年，威尼斯人在圣马可陵墓之上开始修建圣马可大教堂。

圣马可大教堂修建了很多年，976 年的一场大火将之前的成果全部烧毁。1043 年，总督下令重新修建，1071 年主体建筑大体完工，1094 年正式完工。圣马可教堂位于威尼斯市中心，威尼斯人的重要典礼几乎都会在这里举行，无论是总督授职，还是十字军出征。当时有个传统，每个返回威尼斯的商人，都要向圣马可教堂进献一件礼物，所以里面集中了来自世界各地的奇珍异宝。

不同建筑风格的掺杂是圣马可教堂的一大特色，圆屋顶和正面装饰是拜占庭式的，带尖的拱门是哥特式的，教堂的十字形结构设计是希腊式的，栏杆的装饰又是文艺复兴时期的风格。不同的建筑风格在这里融为一体，反映

【图 50】 圣马可教堂前的铜马

了当时的威尼斯作为商贸中心，不同文化在这里交汇碰撞。

历史上威尼斯与拜占庭帝国关系紧密，无论是政治上，还是贸易上，尤其是在 13—15 世纪那段时期。受其影响，当时的威尼斯建筑中经常会出现拜占庭风格的设计，圣马可教堂也不例外。据说，圣马可教堂便是参照君士坦丁堡十二使徒教堂修建的，后者后来被损毁，今天已经看不到了。

圣马可教堂的主要用料是砖，但是后来人们在外面砌上了大理石，原先的砖墙便看不到了。当初教堂立面上的装饰也随着一起不见了，取而代之的是现在的立面装饰。如今，教堂正面有大片的马赛克镶嵌画，是 13 世纪工匠完成的，其中一部分描绘了当年威尼斯商人把圣马可的遗体偷回威尼斯的故事。立面的饰物很多，除了镶嵌画还有雕塑、圆柱等，更是不乏从各地搜罗来的宝贝。这些宝贝中有两个 5 世纪造的雕花塔柱，还有一块古希腊圆柱的残迹，当时威尼斯共和国的法令便是在这根圆柱下宣读。教堂上的哥特式檐板是用大理石造的，富丽又精巧，是在 14 世纪造的。

圣马可教堂有 5 个入口，五扇大门中有一扇是青铜制成的，产自外地，另外四扇则是威尼斯工匠于 1300 年制作的。这些大门十分高大，且带有精美浮雕。这些大理石制的浮雕都是当时从拜占庭运来的，浮雕内容包罗万象，既有单纯的动植物图案，也有捕猎、打鱼的生产场面，还有生活中的很多场景。在 5 个入口中的主入口上方，有一座马拉战车的青铜塑像，其中的四匹奔马姿势潇洒，让人过目不忘（图 50）。这座塑像产自 3 世纪的希腊，后来被运到了威尼斯，4 世纪的时候又被运到了君士坦丁堡。1204 年，十字军攻占了君士坦丁堡，这座塑像成了战利品，重新回到了威尼斯，并被安置到了圣马可教堂主入口上方。

教堂内部的装饰让每一个进去的人都感到惊叹，尤其是巨幅的镶嵌画。威尼斯人喜欢镶嵌画这种装饰，所以匠人们用了几百年的时间为教堂内部装饰了丰富的镶嵌画，无论是圆顶还是拱门，到处都有。有人统计过，圣马可教堂内的镶嵌画总面积可达 4000 平方米。起初威尼斯的匠人不擅长这门艺术，所以很多镶嵌画都是出自拜占庭匠人之手。

教堂中祭坛和中堂被大理石墙隔开，墙上有镀银的耶稣受难青铜十字架。

【图 51】 德国科隆大教堂

祭坛上的"金坛屏"是整个圣马可教堂中最珍贵、最有名的圣物。它的制作工艺类似于中国的景泰蓝，是当时拜占庭工艺大师的经典作品。金坛屏中央是耶稣像，耶稣神情肃穆，十分庄严，周围的圆框中有帝王和圣徒的肖像，整个金坛屏使用了大量黄金，镶嵌了绿宝石、蓝宝石、红宝石共计约1930颗，金光璀璨，精美绝伦。

圣马可教堂连同门前的圣马可广场、圣马可钟楼、公爵府、行政官邸大楼、圣马可图书馆等，一起组成了一个精美的中世纪建筑群，作为威尼斯的中心和代表，成为令人向往的地方，每年前来参观的人数不胜数。

哥 特 式 教 堂

哥特式是一种起源于法国12世纪下半叶的建筑风格，这种建筑风格在13—15世纪流行于欧洲，并且主要是天主教堂常采用这种建筑风格，后来慢慢地影响到世俗建筑。哥特式建筑最明显的特点就是它们的尖顶高高耸立，并且窗户上有大幅斑斓的玻璃画，我们所知道的意大利米兰大教堂、德国科隆大教堂（图51）、法国巴黎圣母院和凯旋门、俄罗斯圣母大教堂都是这一风格的建筑。这时的教堂不但是一座宗教意味浓厚的建筑，而且也开始成为人们在城市中聚集的重要场所，并且成为剧院、市场等供民众使用的地方。在宗教节日里，教堂会成为最为热闹的聚会地点。

正在倒下的比萨斜塔

提起比萨斜塔，几乎无人不知，无人不晓，首先是因为它斜而不倒的独特造型，再就是有伽利略在上面做过物理实验的故事。但是，很少有人知道这座斜塔的真正用途，它是比萨大教堂的钟楼。

比萨大教堂（图52）建于中世纪，是当时意大利建筑艺术的代表作。建筑群包括白色大理石教堂、洗礼堂、钟楼等。这些建筑最早于1063年修建，它们的建成对意大利建筑，乃至整个欧洲的建筑发展都起到了很大的影响作用。一位当地作家在评价这些建筑的时候说："比萨人始终都会为自己当初的艺术追求充满自豪感，并且将永远心怀热情。"

布斯凯托是教堂的第一位建筑师，这位建筑师是希腊人，他的设计风格源自拜占庭建筑。

教堂内部装饰得非常奢华，天花板镀过金，大理石雕塑也非常多。这些雕塑作品主要是乔万尼·皮萨诺的作品，这位著名雕刻家的作品中有明显的基督教古罗马早期发展时的风格。乔万尼·皮萨诺去世之后，他的儿子继续为这座教堂工作，完成了其他装饰工作。教堂里面有一座大理石制的讲坛，是神职人员读经用的。这座讲坛呈哥特式风格，上面有大量浮雕，十分精美，是当时皮萨诺父子合作完成的。此外，祭坛中还有高大的耶稣雕像。比萨教堂中也有墓地，埋葬着几位名人，其中最有名的要数罗马帝国皇帝亨利七世。教堂曾经发生过一次大火，内部的装饰损毁严重。

【图52】　比萨大教堂

　　在这座教堂中，没有当时其他建筑常采用的石拱设计，中堂上的楼板是用木材制作的，正门上方的装饰也只是镶嵌了马赛克。得益于此，这座教堂的工期比一般同类建筑要快得多，1150年的时候，整个工程就基本完工了。这座教堂以精致著称，特别是那些小巧的圆柱和拱门，总让人想到玩具模型，尤其是在蓝天白云和周边碧绿草坪的映衬下，一切都显得那么不真实。同时，在艺术风格上已经呈现了文艺复兴的影子。

　　除了教堂，建筑群中还有洗礼堂和钟楼。洗礼堂被设计成圆形，罗马风格，底部的直径达39米，顶端有半圆形屋顶。洗礼堂始建于1153年。

比萨教堂的钟楼便是有名的比萨斜塔，位于比萨大教堂的东北角上。这座钟楼约高 56 米，直径 15 米，有 294 级台阶通往塔顶。塔楼于 1173 年开始动工兴建。当时工匠们选择了一块巨大的石头作为底层，在上面雕刻出了柱子和连拱的装饰，是实心的，没有门能进入。底层之上还有六层，每一层也都是柱子和拱廊设计，一层拱廊摞在一层拱廊之上，整座钟楼看上去就像是一块石头刻出来的，整体性非常强。

比萨斜塔之所以会倾斜，是因为地基下沉不均匀。这种情况并非是后来发生的，而是在修建的时候便发生了。工匠们担心它会加速倾斜而最终倒塌，所以中间停工了很多年。修建最后一层的时候，工匠们把重心往另外一侧挪动，对整座建筑的倾斜问题做一定平衡。即便如此，谁也不能阻止比萨斜塔继续倾斜，虽然这座建筑物的塔顶已经偏离了垂线 4.5 米，但每年还在继续倾斜。

伽利略的自由落体实验

传说，伽利略曾经在这座斜塔上做过自由落体试验。他将两个不同重量的铁球同时从塔顶抛下，并通过这个试验得出了自由落体公式。他还在这里通过观察吊灯的摇摆，推导出了钟摆的摆动定律。伽利略是比萨人，他同比萨斜塔一样，都是当地人的骄傲。

英国皇家教堂——威斯敏斯特大教堂

　　威斯敏斯特大教堂（图53）坐落在伦敦泰晤士河北岸，议会广场西南侧，正式名称为"圣彼得联合教堂"。最初是一座本笃会的隐修院，于1050年由英国历史上著名的国王，被称为"忏悔者"的爱德华下令扩建，1065年建成。不过，我们今天所见的是1245年亨利三世重建的，重建和扩建工程一直持续到16世纪。今天，这座哥特式教堂因为其在历史上的重要作用，建筑上的杰出成就被认为是英国最有名的教堂。

　　威斯敏斯特教堂主要由教堂和修道院两部分组成，外观宏伟壮观，装饰精致辉煌。教堂的主体部分长156米，宽22米，中间为本堂，两侧为耳堂。本堂宽11.6米，拱顶高达31米，这是英国最高的哥特式拱顶。这样的窄而高的设计，也使得教堂整体上呈现顾长高耸的特征，显得格外庄严。

　　从外面进入教堂，需要穿过拱门圆顶和一段略显黯淡的通道，进入内厅之后则会有一种别有洞天的感觉。耳堂与本堂的交界处有四个柱墩，支撑着上方的穹顶。这个穹顶被装饰得豪华绚丽，挂着巨大的吊灯，灯光把下面照得光彩夺目。教堂里面铺着红色地毯，通往各处。穹顶西边是唱诗班表演的地方，东边则是富丽堂皇的祭坛，祭坛前面摆放着一把椅子，是历代国王加冕时坐的，此外和椅子在一起的还有一块来自苏格兰的看似普通的石头，它被称作"圣石"。无论是国王坐过的椅子，还是那块"圣石"，如今都被英国看作是国宝。

【图53】 威斯敏斯特大教堂

　　在教堂南侧,有始建于13世纪的修道院,布局呈方形,四周有拱廊。在修道院东南一侧,有一个宝库厅和一个长方形的小教堂。这个小教堂现在已经被改建为博物馆,里面陈列着许多国王、王后和贵族们的雕像。当年大人物的葬礼有个规矩，就是会陈列此人的雕像，几百年的时间里这里举行了大量的名人葬礼，所以积攒下了众多的雕像，如今都成了文物。

教堂东侧是一座规模很大的礼拜堂——亨利七世礼拜堂，16世纪初兴建。拱顶是这座礼拜堂的点睛之笔，上面倒垂着钟乳石般的装饰品，让人过目不忘；壁龛里面共有95尊雕像，每一件都是精品。这个礼拜堂设计独特，装饰精美，被称作英国中世纪最优秀的建筑作品。

教堂的顶端是高大的塔楼，有68.5米之高，上面林立着被彩色玻璃装饰的尖顶。这些尖顶直指天空，在下面仰望心里会不自觉地生发出敬畏和感叹。高处的那些窗户也都有玻璃装饰，这些色彩斑斓的彩色窗户使教堂在庄严肃穆之外，多了几分华丽，别有一番风味。

威斯敏斯特大教堂除了在宗教上的重要地位，还在英国王室的生活中扮演着重要的角色。这里是历代国王举行加冕典礼的地方，从11世纪的国王威廉开始，除爱德华五世和爱德华七世之外的历代国王都在这里举行了加冕仪式，包括现在在位的伊丽莎白二世女王。此外，这里还是英国王室成员举行婚礼的地方。

西方有在教堂中埋葬重要人物的习俗，威斯敏斯特大教堂埋葬的国王超过20位。亨利七世的陵墓是所有国王陵墓中最气派的一座，左侧埋葬的是伊丽莎白一世，右侧则是伊丽莎白一世的姐姐玛丽女王。单单是这些陵墓，就可以写一部英国皇家史。这里还埋葬着众多的文学家、艺术家、政治家、科学家等，其中最广为人知的有乔叟、斯宾塞、狄更斯、哈代、丘吉尔、克伦威尔、达尔文、牛顿等。此外，大教堂的院子里还设有无名英雄墓，并保存了两次世界大战中英军官兵的阵亡名单。

威斯敏斯特大教堂的馆藏也非常丰富，如众多的王室用品、庆典纪念品和勋章，以及关于宫廷的各种资料和实物，人们可以从中更真实和直观地了解到英国的历史。

无论从建筑艺术上讲，还是从历史和民族感情上讲，威斯敏斯特大教堂都是英国人的圣地。1987年，联合国教科文组织将威斯敏斯特大教堂列入世界文化遗产名录。

【图 54】 伦敦塔

流血的伦敦塔

　　11 世纪末，英国国王威廉一世在黑斯廷斯一战中大胜撒克逊国王，为了巩固自己的胜利，他下令在全英格兰修建城堡。伦敦的城堡由他亲自选址，最终定在了泰晤士河北岸，这里原先曾是罗马人的营地。1078 年，伦敦塔的修建拉开了大幕。

　　伦敦塔是一组塔群建筑（图 54），最初修建好的是中心的白塔，在接下来的几个世纪中，人们又在白塔之外修建了两层城墙，内城墙上修建了十三座塔楼，组成了环状的卫城；外城墙修建了六座塔和两座棱堡。这样一来，伦敦塔固若金汤，成为当时的国王宫殿。伦敦塔建筑众多，职能和功用也比较丰富，这里除了是宫殿，还是重要的兵营，天文台、教堂、监狱、刑场、码头也一应俱全。

　　伦敦塔中最古老也是最重要的是诺曼底塔楼，它是整座塔群的中心。因为这座塔楼主要用乳白色石料建成，所以人们习惯称它为白塔。白塔是伦敦塔群中最早修建的塔楼，1078 年动工，1097 年竣工。整座塔东西长 35.9 米，南北宽 32.6 米，高 27.4 米，共有三层。白塔墙厚 3 ~ 6 米，异常坚固，并且窗户开得都很小。白塔四个角落里矗立着四个塔楼，三个方形，一个圆形。白塔里面设有一个教堂，名为圣约翰教堂，是现存教堂中最古老的一座。

　　除了白塔，伦敦塔中还有很多塔楼都很有名。

　　珍宝馆是如今伦敦塔群中最具吸引力的一个馆，人们纷至沓来，为的是一睹里面展出的御用珍宝。这些展品中有国王的权杖和宝剑，王室用的号角，大主教赠送的佩剑，中世纪的圣油瓶，国王加冕时戴的王冠、穿的长袍，还有查理二世的金王冠，维多利亚女王的宝石王冠，亨利五世的作战头盔，等等。

格林塔最出名的是断头台，当时觊觎王位的人会在这里被处斩。据说标明断头台所在位置的标牌是维多利亚女王下令立起来的。历史上在这里被处斩的人很多，有名的有国王亨利的两个妻子。而最后一个在这里被处斩的是埃塞克斯伯爵，他是伊丽莎白女王手下的骑士，为人风流，被处斩的理由是觊觎王位。如今，人们时常会在格林塔上看到几只踱步的渡鸦，传说当这些渡鸦离开的时候，格林塔会倒掉，所以有专门的人在喂养这些渡鸦。

此外，威克非塔、花园塔、比彻姆塔、中塔、井塔、圣托马斯塔等也都非常有名。花园塔建于 1225 年，因为里面曾经发生过血腥的事件，在 16 世纪末改名为"血塔"。

每天晚上 10 点，伦敦塔都会举行传统的锁门仪式。看守长会先锁外面的大门，然后是中塔的大门，最后是里面城堡的大门。锁门仪式的全程都会有身着红衣和熊皮帽子的卫兵护送。当锁门仪式结束后，看守长会高呼："上帝保护伊丽莎白女王！"

伦敦塔在英国历史上的地位非常重要，这里曾经先后居住过多位国王，是最重要的宫殿之一；作为国王办公的地方，在这里签署的重要协议和举行的重要会议也非常多；城堡的监狱系统完善，曾经是关押最危险敌人的地方；这里还曾经是全国唯一的铸币厂所在地；这里也是战争期间的武器储藏地；如今，这里是著名的博物馆，以及保存法庭记录的档案馆。

伦敦塔以其建造于不同时代的多样建筑和在历史上发挥的重要作用，于 1988 年被联合国教科文组织列入世界文化遗产。

伊丽莎白一世

伊丽莎白一世是英国最伟大的帝王之一，在她的统治下，英国的政治经济繁荣昌盛，文学璀璨辉煌，并成为世界首屈一指的海军强国。但是，这位伟大的女王竟然曾经被关进伦敦塔，这是怎么回事呢？

伊丽莎白一世是亨利八世和安妮·博林的女儿。在她继位之前英国的政治局面十分混乱。他的父亲为了和母亲结婚，不惜背叛了自己的宗教信仰，开始在国内推崇新教。伊丽莎白13岁那年，亨利八世去世，她的同父异母的弟弟爱德华六世继位，执政7年。爱德华六世年纪轻轻就死了，随后，伊丽莎白的同父异母姐姐玛丽一世废黜了简·格雷后继位。这个玛丽就是人们后来称为"血腥玛丽"的女王。她在位期间，努力支持罗马教皇的至高权力，英国新教徒遭到残酷的迫害。作为新教的支持者，伊丽莎白被逮捕，并被关押在伦敦塔。在伦敦塔里，这位女王的生命一直处于危险之中。1558年，玛丽女王因病去世，25岁的伊丽莎白才从伦敦塔中走出，举国一片欢庆。

第八章

虔诚与浪漫：法国与德国建筑

　　法国是哥特式建筑和新古典主义风格建筑的发源地，随后法国将这种影响力扩大到整个欧洲，尤其是哥特式建筑，一度风靡欧洲各国。德国建筑如同德意志民族的性格，重视设计，重视质量，重视功用，激情中不失理性。德国的教堂建筑无论是哥特式、巴洛克式，还是罗马式、古典主义风格，都有伟大的作品。

历史的见证者——巴黎圣母院

巴黎圣母院是一座基督教教堂（图55），位于法国巴黎市中心西堤岛上。这座矗立在塞纳河畔的古老大教堂自从修建完工那天起，就成了巴黎的象征，而其哥特式的建筑风格也对后来的建筑影响深远。如今的巴黎圣母院已经远远超出宗教上的界定，成为法国人民智慧的代表、美好追求的象征。

巴黎圣母院在修建之前，原址上便有宗教建筑存在，历史可以追溯到罗马帝国时期。4世纪，这里有一座基督教教堂，6世纪的时候改建成了一座罗马式教堂，据说建筑材料里面包括12块来自罗马神殿的基石。到了12世纪，罗马式教堂已经破败不堪，于是1160年，刚刚上任的巴黎主教莫里斯·德·苏利决定在这个地方重新建一座大教堂，规格上不输给当时赫赫有名的圣坦尼大教堂。1163年，教皇亚历山大三世亲自为这座教堂奠基，拉开了建造的大幕。

一来当时的设备不先进，二来教堂本身规模宏大，巴黎圣母院的施工期用了将近两个世纪。1182年，唱诗堂最先开始建设，因为还有日常宗教仪式的需要，旧教堂没有一下子被拆掉，而是边建边拆。为了在教堂前辟出一个广场，新的教堂在位置上要比旧教堂向东移了一些。1208年，教堂的中殿修建完毕；教堂双塔造型的正面是这座建筑的重中之重，历经几位建筑师主持，在13世纪20年代完成；1345年，巴黎圣母院终于完工，一百多年间参与其中的设计师、建筑师、石匠、木匠、铁匠及各类艺术家不计其数。

【图 55】　巴黎圣母院

18 世纪末，法国爆发大革命，巴黎圣母院没能躲过一劫，里面的财宝被洗劫一空，雕塑被毁坏殆尽，圣母院也曾一度失去宗教作用，甚至被当作藏酒的仓库。1804 年，拿破仑上台执政，重新恢复了它宗教的用途。

1831 年，法国著名作家雨果的小说《巴黎圣母院》出版，引起轰动。人们一边被小说中的人物和故事感动，一边要求重新修缮圣母院，并为此发起募捐。1844 年，政府决定修复巴黎圣母院，这一工程长达 23 年。我们今天所看到的巴黎圣母院，很多地方都是这段时期修复的。

巴黎圣母院最大程度保留了当初的风貌，已经成为哥特式建筑中最负盛名的建筑之一。

巴黎圣母院的材料主要是石材，这些石料使得原本就高耸的教堂更加壮丽。在石门的四周布有雕像，层层叠叠。这里的石柱都挺拔修长，恰好与哥特式建筑的高耸相搭，非常连贯。

【图 56】 巴黎圣母院的塔楼

从布局来看，巴黎圣母院的平面图呈十字架形，横向较短，坐东朝西，规整庄严。竖直来看，巴黎圣母院的主立面高 96 米，竖直和水平数据严格遵守黄金分割比例；这个立面被立柱和装饰带分为 9 个矩形，这些矩形同样遵守黄金分割比例，和谐美观。

巴黎圣母院最引人瞩目的便是它的正面墙，这面高 69 米的墙被横向的装饰带分为三层：

最底层，三个尖顶拱门，拱门上刻着大量雕塑作品。左边拱门上的雕塑内容为圣母受难后复活，中间拱门上的雕塑内容是耶稣在天庭接受"最后的审判"；右边拱门上刻的是国王路易七世受洗等内容。右边拱门上的雕塑最为古老，建于 12 世纪，其他雕塑大多是后期修整的。拱门上方为一排君王雕像，共有 28 尊，原先的雕像于大革命期间被损毁，现在所见的都是后来重修的。

第二层，主要由三个巨大的窗户组成。左右两侧的窗户都呈尖顶拱形，中间有石质的窗棂，中间的窗户呈圆形，像一只睁大的"巨眼"，装有彩色玻璃。这个窗户被称为"玫瑰玻璃窗"，建于 13 世纪，彩色玻璃上描绘的是圣经故事。圆形窗户下面的窗台前供奉着圣母圣婴像，左右两侧立着两尊天使，再往外立着亚当和夏娃的雕像。

第三层主要是一排石栏杆，这些栏杆看上去细长，和整座教堂的风格很搭。最让人着迷的是，当初的设计师在这些石栏杆上留下了美妙的雕塑，既有面目怪异的小魔兽，也有带着翅膀的小精灵，它们像是来自另外一个世界，隐藏在栏杆的各个角落。

第三层之上是左右并立的两座塔楼（图 56），这两座塔楼都是平顶，没有塔尖，其中一座里面挂着著名的大钟。雨果《巴黎圣母院》一书中卡西莫多敲打的便是这座钟。虽然两座塔楼没有塔尖，但是在塔楼后面的中庭中耸立着一座 90 米高的尖塔，塔顶上是一个十字架。

走进大教堂，首先你会被它的宏伟壮观震撼到。里面有两排长柱子，这些柱子高达 24 米，而两排柱子之间相距不到 16 米，这种布局造就了教堂内部高深的空间感觉，这正是哥特式建筑的特色。这些大圆柱将主殿分为五个部分，主殿四周有连拱的走廊，走廊上方的二层同样是走廊，带有两层窗户，再往上是带有彩绘的大玻璃窗。在与主殿相连的侧殿部分设有几座礼拜堂，里面展览着几个世纪前的艺术品。

教堂内部右侧安放着烛台，大厅最多可容纳9000人，其中1500人座席前设有讲台。在讲台后面矗立着三尊雕像，左边的是国王路易十三，右边是国王路易十四，中间耶稣横卧在圣母膝上。除此之外，大殿内还有众多的壁画、雕塑和圣像。

作为早期哥特式建筑的代表、巴黎第一座哥特式建筑，巴黎圣母院在欧洲建筑史上是一个里程碑式的作品。此前的教堂建筑太过粗笨、压抑，巴黎圣母院解决了这些问题，使得这种风格的建筑在欧洲流传开来。

历史上，巴黎圣母院见证了很多重要事件，如圣女贞德的平反，拿破仑的继位，罗马帝王的受洗礼，戴高乐将军的国葬，等等。如今，巴黎圣母院已经成为巴黎的名胜，除宗教、艺术职能之外，还负责向外地人展示巴黎和法国人的文明。2019年4月15日突发大火，屋顶、塔尖被烧毁，8月修缮工程重新启动。

圣女贞德

贞德原本是一位法国少女，生于英法百年战争期间。她声称自己在16岁时在村后遇见了天使，得到"上帝的启示"，要她带兵收复被英格兰占领的土地。后来她真的带领法军解了奥尔良之围，成了闻名法国的女英雄。接下来又很多次打败英格兰的侵略者，促使查理七世得以加冕。然而圣女贞德于1430年在贡比涅的一次战斗中被勃艮第人所俘，勃艮第公爵将贞德卖给了英格兰人。很快，宗教裁判以异端和女巫罪判处她火刑，于1431年5月30日在法国鲁昂当众处死。当英格兰军队被彻底逐出法国时，教宗卡利克斯特三世重新审判贞德的案子，于1456年为她平反。

从简陋的行宫到艺术宫殿

凡尔赛宫（图 57）位于巴黎西南郊外伊夫林省省会凡尔赛镇，这里曾经被法兰西国王作为宫廷长达 107 年，历史地位重要，同时是一座艺术宝库。1979 年，联合国教科文组织将其列入世界文化遗产名录。

1624 年，法国国王路易十三最早在这里建立行宫。他用极低的价格买下了附近大片的森林和荒地，用作狩猎。至于建筑，当时只有一座两层的红砖楼房，房间 26 个，十分简陋。1643 年，路易十三去世，年幼的路易十四继位。1664 年，路易十四完婚，同时他决定将皇家行宫从卢浮宫迁往凡尔赛，并在凡尔赛修建新的行宫。路易十四在位期间，法国最优秀的建筑师和艺术家纷纷为凡尔赛宫提供服务，加上后来路易十五和路易十六的坚持不懈，最终将其建造成了欧洲最华丽的宫殿，当初的 26 个房间也变成了 700 多个。

凡尔赛宫全宫占地 111 万平方米，可以分为王宫建筑区和园林区，其中王宫建筑面积为 11 万平方米，剩下的 100 万平方米为园林区。凡尔赛宫的布局非常严谨，在东西方向上有一条中轴线，南北建筑对称，中间的正宫也是东西走向，南北分别有南宫和北宫。因为是王宫，为了显得端庄和浑厚，建筑一律设计为平顶。

王宫内部厅室众多，以富丽堂皇著称，其中最具代表性的要数镜厅（图58）。镜厅位于战争厅和和平厅中间，长 73 米，宽 10.5 米，高 12.3 米。大厅的拱顶上满是彩绘，主要描绘的是路易十四的战功。大厅两侧排列着众多雕

【图 58】 镜厅

像，有 8 座是罗马皇帝，还有 8 座是古代众神，此外还有 24 支巨大的火炬。巨大的吊灯、泛着光泽的烛台，以及壁柱上的彩色大理石，都无比奢华。之所以称之为镜厅，是因为大厅面对花园一侧开了 17 扇巨大的窗户，每一扇窗户对应着一面巨大的镜子。

凡尔赛宫的园林区别具一格，后人称之为"法兰西式"大花园。规模上讲，世界上鲜有能与之相提并论者；景色上讲，也是世界上数一数二的。花园的布局非常对称，中心是海神喷泉，主楼的北边是拉冬娜喷泉，南边是橘园和温室，全部都是人工景色，出自匠人之手。水是凡尔赛宫花园的一大特色，园内有条人工开凿的运河，长达 1600 米，还有 1400 个喷泉。花园里除了花草树木，还有运河和湖泊，以及大特里亚农宫和小特里亚农宫。

大特里亚农宫是路易十四为其情人建造的，内部装饰一反凡尔赛宫的奢华风气，十分朴素，据说路易十四在宫殿里住腻了就会来这里。有段时期，拿破仑也喜欢在这里居住。小特里亚农宫是路易十五为王后修建的，里面设施比较齐全，不但有卧室和化妆间，还有沙龙室和画室。在小特里亚农宫附近有一座瑞士农庄，是路易十六为王后修建的。这座农庄里面应有尽有，有农民居住的小屋，还有磨坊和羊群，王后有时候会扮作牧人在里面牧羊，也算是别有一番风趣。身处凡尔赛宫花园的美景之中，人们会觉得轻松和愉悦，难怪那么多法国国王对这里流连忘返。

凡尔赛宫在法国历史上具有重要地位，作为国王居住的地方，这里在大革命之前是法国的政治和文化中心。虽然后来地位有所下降，但依旧地位显赫。德国皇帝曾经选择在这里加冕；美国和英国选择在这里签署《巴黎和约》；法国和英国、美国在这里同德国签订《凡尔赛条约》，结束了第一次世界大战。如今，法国总统常在这里会见其他国家政要。

今天的凡尔赛宫，很多厅室都被改建为了博物馆，珍藏了大量的艺术品，尤其是各类派别的画作。作为旅游胜地，凡尔赛宫每年接待众多游客，接待量仅次于巴黎的埃菲尔铁塔，成为法国名副其实的象征建筑。

【图 59】 法国巴黎的凯旋门

拿破仑的凯旋门

　　凯旋门是一种用来纪念胜利、炫耀功绩的建筑，一般建在广场中心或者重要的大道上。这种建筑起源于古罗马，后来其他欧洲国家纷纷效仿。在欧洲，共有一百多座凯旋门，最大的一座是法国巴黎的凯旋门（图59）。这座凯旋门是当初拿破仑为庆祝战功而建造的，如今已经同埃菲尔铁塔、卢浮宫和巴黎圣母院并称巴黎四大代表建筑。

　　1805年12月，拿破仑率领法军在奥斯特里茨战役中打败俄奥联军，使得法国国力大增，成为欧洲第一强国。第二年，拿破仑宣布在"星形广场"修建一座纪念性的凯旋门，将来凯旋的战士将从这座门下经过。

　　凯旋门由著名设计师让·夏格伦设计，并于1806年8月15日破土动工。凯旋门的修建过程并非一帆风顺，拿破仑政权被推翻之后，凯旋门也被迫停工。1830年，波旁王朝覆灭，凯旋门得以复工。在经过了长达30年的工期之后，凯旋门于1836年7月29日完工。

　　巴黎凯旋门约高49米，宽44.5米，厚22米，中间的拱门宽14.6米。凯旋门的四面都开了一个门，门上的雕塑工艺高超，门内刻着几百个将军的名字，他们当初都曾跟随拿破仑远征。此外，门上还刻有1792—1815年法国经历的大小战事。

　　在凯旋门的外墙上，刻有巨幅的战争题材雕像，这些战事也都是发生在1792—1815年之间。这些浮雕作品中非常著名的有"出征""胜利""抵抗""和平"等。

19世纪中期，当时凯旋门已经建成，人们陆续围绕着凯旋门修建了12条放射性的大道，这样的城市设计模式后来也被别的城市效仿。

1920年11月11日，凯旋门正下方修建了一座无名烈士墓。这座墓是平的，地上镶嵌有红色墓志："这里安息着一名为国牺牲的法国士兵。"墓中埋葬的是一位无名的战士，他牺牲在第一次世界大战之中，代表了为国牺牲的150万名法国战士。墓前设有一盏长明灯，每天晚上都会被点亮。自从这座墓修建以来，墓前的鲜花便没有中断过，在重要的纪念日里，法国总统会来这里为无名烈士献花。

每当遇到节日的时候，凯旋门上都会垂下一面长达10米的巨幅国旗，非常壮观。7月14日法国国庆日的时候，阅兵队伍也都是从凯旋门出发。

1885年，著名的法国作家雨果去世，人们为了缅怀这位作家，为他举行了隆重的国葬。作为国葬的一部分，他的灵柩在凯旋门下停放了一夜。1919年7月14日，从第一次世界大战中归来的法国士兵穿越凯旋门，庆祝战争胜利。当初为了彰显国力和炫耀战绩的巴黎凯旋门，在日后成为历史的见证者和参与者。如今它已经成为国家的标志，成为法国历史的一部分。

雨果

　　雨果生于法国白桑松一个军官家庭，16岁时已经可以写诗，21岁时出版诗集，年少成名。1845年，法王路易·菲利普授予雨果上议院议员职位，1848年法国二月革命爆发，法王路易逊位。三年后，拿破仑三世称帝，雨果被放逐国外。此后他创作了大量作品。1870年法国恢复共和政体，雨果结束流亡生涯，回到法国。1885年，雨果辞世，人们为他举行了盛大的葬礼。

沙丘上的宫殿——无忧宫

无忧宫（图 60）位于德国波茨坦市北郊，是一座 18 世纪修建的王宫和园林，因为建于一个沙丘上，也被称作"沙丘上的宫殿"。无忧宫是普鲁士国王腓特烈大帝仿照法国凡尔赛宫修建的，"无忧"这个名字也是源自法语。

1745 年 1 月 13 日，腓特烈大帝下旨在波茨坦修建行宫。起初，设计师建议将无忧宫修建成一座雄伟的殿堂，人们在很远处就能看到。但是腓特烈大帝没有同意，他更想要的是一座隐秘的私人住所，不要太高，不要有太多台阶，能够方便地从屋里到达花园，能够轻而易举地接近自然。工程开工之后，腓特烈大帝十分关注，亲自监工。1747 年 5 月 1 日，无忧宫完工。

无忧宫建成之后，腓特烈大帝每年的 4 月到 10 月都会住在这里，除战争时期，这个规律从来没有被打破过。他对无忧宫的珍爱从挑选宾客这一点上也可以看出，并非谁都能进入无忧宫，每一位来这里的宾客都需要经过他的允许。腓特烈大帝专门为妻子准备了一座美丽堡，却在长达 40 年的时间里不准她进入无忧宫。

1840—1842 年，腓特烈·威廉四世对无忧宫进行了扩建，两侧的建筑被延伸。今天我们所看到的无忧宫布局大致就是那个时期确定下来的。

无忧宫的正殿中部向前凸起，呈半圆形，两侧的建筑为长条形。在那些凸出外墙的柱子上，以各种女性雕像托住屋檐，身下裙摆飘扬，看上去美感十足。宫殿正中为圆厅，里面的装饰富丽堂皇，其中使用最多的是壁画和镜

上：【图 60】　无忧宫

下：【图 61】　无忧宫中的中国楼

子，让整个室内更显得璀璨夺目。宫殿东侧为画廊，里面珍藏的名画多达上百幅，多为文艺复兴时期意大利和荷兰画家的作品。此外，这里常年都有音乐会举行。

无忧宫最让人陶醉的美景是宫殿下面呈阶梯状的葡萄园。这是腓特烈大帝主持修建的，山坡被划分为六个部分，修建出六个梯形露台。台阶上种植的葡萄来自葡萄牙、意大利和法国。此外，还在 168 个玻璃罩里面种上了无花果树。露台最前端铺着草坪，另有紫杉树和灌木用作分割区域。

在无忧宫山下的平地上，腓特烈大帝还建了一座花园。这座花园以雕塑众多出名，早在 1750 年，这里就安放了罗马神话人物的大理石雕像，美神维纳斯、太阳神阿波罗、众神之神朱庇特，等等。水池的四周还有寓意水、火、风、土四元素的雕塑作品，其中关于风和水的雕塑是当年法国国王路易十五的礼物。

在无忧宫中，有一座亭楼被称作"中国楼"（图 61），虽然并不宏伟，但被装饰得金碧辉煌。这是一座圆形的亭子，四周安放着亚洲人形象的人物雕像，亭楼顶上有出自中国传说中的猴王雕像。这些人物雕像，包括亭楼的外壁都用镀金装饰，十分奢华。

在无忧宫的山坡上，立着一座风车磨坊，这座磨坊的历史比无忧宫还要悠久。当年腓特烈大帝修建无忧宫时想要拆毁原址上的建筑，但是这座磨坊的主人认为皇帝的要求并不合理，坚持不拆这座磨坊。后来，这个磨坊的主人还到法庭上起诉，并最终胜诉，保留住了这座磨坊。腓特烈大帝也接受了法庭的裁决，并说："这座磨坊装点了我的宫殿。"今天，这件事已经成为一件美谈。

无忧宫是 18 世纪德国建筑的代表作，被称作德国的凡尔赛宫，虽然后来两次经历世界大战，但仍旧保持完好，十分难得。1990 年，无忧宫的宫殿和园林被联合国教科文组织列入世界文化遗产。

第九章

混搭民族风：
西班牙与俄罗斯建筑

　　西班牙的历史在欧洲比较独特：这里曾被罗马人和哥特人先后统治了上千年，后来又被伊斯兰统治了近8个世纪。后来西班牙人夺回了自己的领地，从而使西班牙建筑在欧洲传统中掺杂了伊斯兰和本民族的风格，这使得西班牙建筑在欧洲变得独一无二。

　　俄罗斯处于东西方文化交融之地，从而使俄罗斯的建筑具有与东西方不同的独特的风格和魅力。

【图62】 塞哥维亚城堡

白雪公主的城堡

据说，迪士尼动画中白雪公主的城堡是以西班牙的塞哥维亚城堡为原型设计的。

塞哥维亚城堡位于西班牙塞哥维亚城外的悬崖上（图 62）。

12 世纪，塞哥维亚城外有一片森林，这片森林是西班牙王室的狩猎苑。这里曾经有一座修道院，塞哥维亚城堡就是在这个修道院的基础上开始修建的，作为西班牙王室狩猎休息时的行宫。当时欧洲的建筑风格正在向哥特式转变，不过这座城堡中更多体现的还是西班牙特色的哥特式。文艺复兴时期，塞哥维亚城堡很多地方进行了改建，整体上变得更加宏伟，细节处变得更加精美。

塞哥维亚城堡布局狭长，像一艘船，城堡上高耸的塔楼则像桅杆。在城堡北边，有一系列塔楼，被称作效忠塔。城堡中的多数建筑布局都是方形的，这也是西班牙城堡建筑最常见的一种布局。城堡的中心地带是主堡，主堡是皇家和贵族居住的地方，防御上也比别处更加严密。主堡西侧也有塔楼，在很长的一段时间里，这里的主要用途都是储藏军械。

14 世纪开始，因为卷入贵族之间的战争，塞哥维亚城堡开始改建，先是东边的塔楼和城墙被加高加固，之后不断改建和升级一些防御设施。除了城堡北部还保留了最初的设计，其余地方都变成了为防御服务。城墙上开有十字形的洞孔，这是为了向外放箭用的；城垛下面也开有洞孔，当年士兵从这里往外倾倒沸水、沸油，阻止敌人进攻。

到了特拉斯塔马尔王朝时期，君主对城堡内大部分设施和房间都用于防御不满意，对很多房间进行改造，渐渐将这里变成了一座皇宫，而非充满杀气的堡垒。天花板用石膏雕饰进行装饰，门楼上刻上天主教教皇的纹饰，走廊改造成画廊，挂满了艺术品，渐渐地，这里变成了行宫。当然，必要的守卫还是不能缺的，守卫室和城堡的闸门依旧保存。

1520年，塞哥维亚城内发生叛乱，人们不满卡洛斯一世的统治，拿塞哥维亚城堡泄愤。在那次事件中，塞哥维亚城堡的教堂被摧毁，只剩下了回廊。没过多久，新的教堂开始修建，新教堂看上去没有之前的教堂厚重，但是更优雅了，尤其是窗户的设计，再就是里面的壁画，多是文艺复兴时期的精品。

菲利浦二世执政时期是西班牙历史上最强盛的时期，他在迎娶自己第四位妻子的时候，对塞哥维亚城堡进行了一次大规模改建，为城堡的塔楼重修了尖顶，对主堡后面进行扩建，使得这座城堡成为名副其实的宫殿。这些改建中，最让人印象深刻的是他用板岩对屋顶进行的加固，这些岩石来自城堡外的河流中，本身带有金属光泽，安放到屋顶上之后在阳光的照射下会发出一种蓝光。如今，蓝色的屋顶已经成为这座城堡最大的特色之一。

1862年的大火让城堡多数建筑受到严重损毁，之后人们重新修复了它。1953年，当地专门成立了一个基金会，主管城堡的保护和修缮事宜。现在，这座城堡每年都会举行音乐节，里面还开设了一个武器博物馆，很多富丽堂皇的房间也对外开放供人参观。很多人会说，如果你想到西班牙找寻一些既有历史底蕴，又富有浪漫气息的地方，那塞哥维亚城堡是最好的选择。

沙皇的城堡——克里姆林宫

　　克里姆林宫位于俄罗斯首都莫斯科市中心，平面布局呈三角形，南临莫斯科河，西北边是亚历山大罗夫斯基花园，东北边紧挨着红场。克里姆林宫是俄罗斯最有名的建筑，已经成为俄罗斯的象征，同时它还是一座历史、艺术和文化的宝库，被列入世界文化遗产。

　　克里姆林宫是莫斯科最古老的建筑群（图63）。1156年，尤里·多尔戈鲁基大公在其分封的领地上用木头建立了一座小城堡，这便是克里姆林宫的前身。1367年，围墙改用石头砌成。我们今天所见的砖砌宫墙是15世纪修建的。15世纪伊凡三世担任莫斯科大公时，克里姆林宫初具规模，并不断扩建。16世纪中叶开始，这里成为俄国沙皇的皇宫。17世纪，克里姆林宫逐渐不再是一座封闭的城堡，成为市中心的一处建筑群。十月革命之后，这里成为苏联党政机关的所在地。

　　克里姆林宫的城墙总长2235米，厚6米，高14米，高大坚固。在城墙上，分布有塔楼18座。1935年，斯巴斯克塔、尼古拉塔、特罗伊茨克塔、鲍罗维茨塔和沃多夫塔等塔楼分别被装上红宝石五角星，夜里红光闪烁，非常耀眼，这就是著名的克里姆林宫红星。

　　克里姆林宫的主体宫殿是大克里姆林宫（图64），位于克里姆林宫西南边。这座宫殿1839年动工，1849年完工，是一座带有露台的二层建筑。大克里姆林宫正中是阁楼，上面装饰有各种花纹图案，最上面是一个圆顶，并立

上：【图63】 克里姆林宫建筑群
下：【图64】 大克里姆林宫

有旗杆。宫殿的一层装饰奢华，大厅里面全用大理石和孔雀石装饰，家具都是 19 世纪的作品。宫殿的二层由几个大厅组成——格奥尔基耶夫大厅、弗拉基米尔大厅和叶卡捷琳娜大厅。在苏联解体之前，这里是党政机关和社会团体举行会议的地方，有能容纳 6000 人的会议厅，以及有 2500 个座位的宴会厅。另外，这里还经常举行重要的演出，被誉为"苏联第二大剧院"。

克里姆林宫中不乏宗教建筑，其中最有名的当属圣母升天大教堂。这座高耸壮观的大教堂建于 15 世纪后期，山字形的拱门和金色圆塔已经成为其标志。另外一座天使大教堂也非常有名，建于 16 世纪初期，是彼得大帝之前莫斯科公国历代君主的安葬地。

伊凡大帝钟楼是克里姆林宫最高的建筑物，高达 81 米，也曾经是莫斯科最高的建筑。这座钟楼建于 16 世纪初，最初为三层设计，后来扩建到五层。从外表看呈八面棱形。每一面都有拱形窗口，里面设置有自鸣钟。

多棱宫是克里姆林宫中历史最悠久的宫殿之一，建于 1487—1491 年，俄国沙皇的宝座便安放在其中。此外，克里姆林宫北角有古兵工厂，现在已经改为兵器陈列馆。西角是武器宫，现为武器博物馆。克里姆林宫中央是索皮尔娜雅广场，很多建筑围绕在周围，其中便包括伊凡大帝钟楼。

【图 65】 圣瓦西里大教堂

圣瓦西里大教堂：用石头描绘的童话城堡

圣瓦西里大教堂（图65）坐落在莫斯科市中心红场南侧，是一座修建于16世纪中期的东正教教堂，因为带有明显的民族传统特色而有名，尤其是那标志性的圆顶，已经成为俄国传统建筑的象征。

历史上俄罗斯曾经被蒙古人侵占，经过多年的反抗，1552年，俄罗斯打下了侵略者最后的据点喀山汗国，从而结束了长达几百年的屈辱史。为了庆祝民族独立，第一任沙皇伊凡四世下令修建一座大教堂，这便是后来的圣瓦西里大教堂。

起初这座教堂叫"沟边"大教堂，因为它选址在克里姆林宫城墙外的壕沟边。1555年，大教堂正式动工，位置确定在克里姆林宫斯帕斯克大门附近——这里有一座高台，是宣布沙皇命令和布告公文的地方，也是民众聚在一起祈祷的地方，是城市中心的中心。这样的选址就注定了这座大教堂的地位。

大教堂的八座祭坛之上是八个小礼堂，中间又修建了一个大礼堂，内部打通，将八个礼堂连为一体。因为著名的东正教圣人瓦西里葬在了大教堂的一个祭坛里，所以民间开始称这座教堂为圣瓦西里大教堂，并最终成为正式称呼。

圣瓦西里教堂造型奇特，中间的那座主礼拜堂到了高处开始收缩，最终变为八角形，最顶上是镀金的圆屋顶。大塔周围是四座中塔，同样呈八角形。

中塔之间又有四座小塔，小塔组成一个四方形。大塔和小塔各自连接，让整座建筑成为八角形。九个圆屋顶的色彩各不相同，组合到一起多彩多姿，再配合教堂本身的红砖颜色，像极了童话故事中的城堡。其实这些圆屋顶最初是统一镀金的，今天所看到的面貌是在 16、17 世纪整修的时候改变的。

尽管大教堂的九座塔楼样式不一，颜色不同，高低错落，但是它们组合成为一个整体却显得十分和谐。同样，这座大教堂与边上的克里姆林宫和红场也十分搭调，调和出一种俄罗斯特有的氛围和情调。

大教堂的石墙厚达 3 米，异常坚固，所以在历史上的某段时期里，大教堂的底部被当作仓库使用。后来从教堂底部出土了一些箱子，里面装满了古代王室的金银珠宝，证实了这个说法。

进入大教堂需要经过两个外门廊，这两个门廊都十分精致，画满了装饰画，大教堂内部的墙壁和穹顶上也都有壁画装饰。这座大教堂从外面看绚丽多姿，让人以为走进了神话之中，但是内部却是朴素清净，这样的反差让人感到格外明显。不过，正是这种朴素和清净，让人们在里面祈祷和追思的时候更加心无旁骛，认真虔诚，这可能就是当时设计者追求的效果吧。

圣瓦西里大教堂历史上多次遭到破坏，并多次修缮。1611 年，波兰人洗劫了这座大教堂；1812 年，法国人占领了这里，甚至把教堂当成了马厩。因为地下结构的问题，现在圣瓦西里大教堂正在慢慢下沉。

因为俄罗斯信奉东正教，所以之前在建筑上一直模仿东正教圣地拜占庭的风格。圣瓦西里大教堂作为民族独立的象征，也是俄罗斯建筑摆脱拜占庭风格，形成自己民族风格的象征。所以，圣瓦西里大教堂对俄罗斯建筑史有着重要的意义。

冬宫：叶卡捷琳娜大帝的私人博物馆

冬宫（图66）坐落在圣彼得堡宫殿广场上，原先是俄国沙皇的皇宫，是18世纪中期俄国巴洛克式建筑的代表作。

冬宫最初修建于1754—1762年，设计师为意大利著名的建筑师拉斯特雷利。1837年，一场大火将冬宫烧毁。1838年开始，用了两年的时间人们重建了冬宫。第二次世界大战期间，冬宫未能幸免于难，遭到破坏，战后进行了修复。

整个冬宫占地9万平方米，其中建筑面积超过4.6万平方米。宫殿本身是一座三层的楼房建筑，平面呈长方形，约长230米，宽140米，高22米。房间最多的时候里面共有1000多个。宫殿面向广场的一面中间部分凸出，有三道拱形大门，入口处安放着巨神群像。在宫殿四周，设有两排柱廊，大气又不失精致。

冬宫宫殿内部的设计和装饰风格统一，两侧有巨大的大理石柱，望不到尽头的长廊，以及璀璨的巨型吊灯。宫殿内部的装饰以奢华闻名，处处可见的雕像和壁画，使得宫殿气派十足（图67）；一个孔雀厅就用掉了两吨孔雀石；乔治大厅御座后面的那幅地图是用4.5万颗彩石镶嵌而成的。

冬宫广场是冬宫非常重要的一部分，广场上矗立着不同时期、不同风格、不同派别的建筑师的作品，但是它们搭配在一起非常和谐，并不突兀。广场中央是一根亚历山大纪念柱，高47.5米，直径4米，重600多吨，是为了纪

【图 66】 冬宫

【图 67】　冬宫中的徽章大厅，地板面积超过 1000 平方米，壁柱、圆柱全部镶金

念亚历山大一世战胜拿破仑而建造的。这根巨大的石柱用整块花岗岩制成，不借助任何支撑，完全靠自身的重力屹立在广场上。在纪念柱的顶端，有一个天使雕像，天使手里拿着十字架，脚下踩着一条蛇，象征着征服和胜利。

冬宫一直是俄国沙皇的皇宫，1917年2月被临时政府占领，同年11月，起义群众攻下了冬宫，标志着十月革命取得胜利。1922年，圣彼得堡成立了国立艾尔米塔什博物馆，冬宫成为博物馆的一部分。今天，艾尔米塔什博物馆已经与伦敦的大英博物馆、巴黎的卢浮宫博物馆和纽约的大都会艺术博物馆齐名，并称世界四大博物馆。

作为博物馆，冬宫有足够的资格，因为这里一开始就是女皇叶卡捷琳娜二世的私人博物馆。在俄罗斯历史上，虽然曾经出现过四位女沙皇，但唯有叶卡捷琳娜二世被冠以"大帝"的称号，与开创俄罗斯帝国的彼得大帝齐名。

1764年，叶卡捷琳娜二世从欧洲购买了二百多幅画作，其中包括伦勃朗、鲁本斯等名家的作品。从那之后，叶卡捷琳娜二世一发不可收拾，到处收购各类艺术品，将它们都收藏在冬宫内。在她在位的30多年间，收藏了上万枚硬币和纪念章，2000多幅画作，将近40000本图书。随着收藏品越来越多，冬宫不得不使用更多的房间来储存。

如今的冬宫，收藏品更是琳琅满目。其中既有来自几千年前埃及的石棺、浮雕和木乃伊，也有来自中东的银器，还有来自古希腊和古罗马的雕塑及花瓶。这里收藏了众多文艺复兴时期欧洲艺术家的画作，其中比较有名的有达·芬奇的《柏诺瓦的圣母》和《圣母丽达》，要知道达·芬奇流传至今的油画总共也不超过十幅；还有拉斐尔的《科涅斯塔比勒圣母》和《圣家族》。此外，米开朗琪罗的雕塑《蜷缩成一团的小男孩》也是馆藏精品。这里也收藏了很多和中国有关的文物，包括两百多件殷商时期的甲骨，上面刻着中国最古老的文字甲骨文，还有敦煌石窟里面的雕塑和画作。

现在的冬宫，约有350间开放的展厅，要想从头到尾看完，需要走上几十千米。冬宫作为圣彼得堡的一部分，与圣彼得堡历史中心一起于1990年被列入世界文化遗产。

巴洛克建筑风格

　　我们知道建筑风格里有一个巴洛克式建筑风格，但是巴洛克是什么意思呢？这个词最早来源于葡萄牙语，意为"不圆的珍珠"，而欧洲起初用它形容一种缺乏古典主义特有的均衡性的奇怪风格。它原来是18世纪对古典艺术特别有感情的人对17世纪不同于文艺复兴时期艺术风格的一种贬低，但是现在已经失去了这层贬低之义，仅仅是指17世纪的一种艺术风格。巴洛克建筑的特点比较符合它的字面意思，就是外形会比较自由，有种动态美，装饰和雕刻偏向富丽堂皇，并且颜色有很强的对比，会有不同的空间穿插其中，整体感觉是很自由奔放的，并且富于变化。

　　之所以有巴洛克式建筑风格就是因为当时有些设计师很反对僵化的建筑形式，他们大胆创新，追求自由奔放的感觉，这种一度被人们认为是离经叛道的建筑风格正好符合"巴洛克"一词的本意，所以巴洛克式建筑风格就这么产生了。

第十章

美洲：印第安人的家园

　　美洲是印第安文明的发源地，先后出现了玛雅文明、阿兹特克文明和印加文明，他们先进的文化和生产技术让世界震惊。如今这些古文明已经伴随着无数疑问消失，留给世人的唯有那些伟大的建筑。这些古城、金字塔、神庙宏伟壮观又神秘诡异，富有强烈的宗教性，又处处体现出古人对科学知识的掌握程度，尤其是在几何和天文方面，看似巧合却总是契合，让人着迷。

【图 68】 库库尔坎金字塔

库库尔坎金字塔：供奉羽蛇神的神庙

　　玛雅文明发端于公元前 18 世纪左右，5 世纪的时候在墨西哥尤卡坦半岛北部建立起奇琴伊察文明。7 世纪奇琴伊察进入最繁盛的时期，玛雅人用石料建起了数百座建筑物。这些建筑有的高大雄伟，有的精美雅致，体现了玛雅人高超的建筑艺术水平。若要在这些建筑物中推举一座作为代表，毫无争议的是库库尔坎金字塔（图 68）。

　　"库库尔坎"在玛雅语言中是带羽毛的蛇的意思，这种想象出来的动物被玛雅人认为是太阳的化身，被视作神灵。所以，金字塔上的库库尔坎神庙又被称作太阳神庙，或者羽蛇神庙。

　　库库尔坎金字塔是一座祭坛。塔基呈四方形，边长 55 米左右，周长 250 米左右；金字塔上下共九层，越往上越小。在祭坛台基的四面，各有一道阶梯通往祭坛顶部，这些阶梯宽大又陡峭。在台阶的两侧，有石头砌成的护栏，也称边墙，上面雕刻着羽蛇神头像（图 69）。每年春分和秋分这两天日落的时候，阳光照射到北面一组台阶的边墙上，会形成七段等腰三角形，弯弯曲曲连在一起，再接上羽蛇神头像，宛如一条大蛇正从祭坛顶端爬出。这样的设计并非巧合，而是玛雅人天文和几何知识发达的体现之一。每年到了这个时刻，玛雅人便围在祭坛周围唱歌跳舞，庆祝羽蛇神降临人间。

　　玛雅人的金字塔和古埃及人的金字塔不一样，古埃及的金字塔是尖的，主要用途是法老的陵墓，而玛雅人的金字塔是一层一层叠加的，顶端是个平

【图69】 羽蛇神头像

台，建有神庙，主要用作祭祀和观察天象。

　　库库尔坎金字塔的顶层建有一座6米高的神庙，这座神庙呈方形，有4个入口，一般用作举行祭祀活动。神庙北边的入口是正门，门口有两根圆柱，底端有蛇头装饰。正门内也立着两根圆柱，里外对称。在金字塔的台基内，人们发现了一个暗室，并在其中发现了美洲豹形状的王位。这个宝座是石质的，上面刻着美洲豹的形象，涂抹成红褐色，并镶嵌了大量的玉片和宝石，以作装饰，"美洲豹"的眼睛和牙齿也是用特殊石料制作的。美洲豹在当地一直是权力的象征，所以这无疑是一位王者的宝座。现在这个宝座被保存在金字塔顶层的神庙中。

　　玛雅人拥有强大的数学知识和天文知识，他们将这些知识广泛运用在建筑中，库库尔坎金字塔也不例外。金字塔四周各有台阶91级，加在一起是364级，再加上顶层正好是365级，代表了一年365天。金字塔分为九层，每一层分两部分，共有 18 个部分，正好是玛雅历法中一年的月数。在顶层的神殿中，每一面墙上都有 52 幅浮雕，在玛雅人的历法中，每 52 年是一个轮回。

库库尔坎金字塔是当地玛雅建筑群中最重要的一座，除了规模最大，两侧还分别建有战士神庙和美洲豹神庙，明显是起保护作用的。在古代，技术没有今天先进，更没有什么高科技的机械可用，玛雅人是如何建造出这样雄伟和复杂的金字塔，一方面让人疑惑，一方面又让人感叹。

如今，库库尔坎金字塔已经成为玛雅文明的标志，它层层堆砌的结构，平稳厚重的风格，正是玛雅建筑艺术的精髓。

会"唱歌"的库库尔坎金字塔

有游人说，坐在库库尔坎金字塔台阶上，能听到一种很含混的声音，仿佛是水滴进容器里发出的。于是有科学家推断，玛雅的金字塔设计出这种声音很可能是为了祈雨。

为了弄清楚这是不是真的，墨西哥某大学的几名教授带领着学生对玛雅金字塔的阶梯进行了深入的研究。他们测量了踩在空心金字塔台阶上发出的声音频率，然后又测量了踩在实心金字塔台阶上发出的声音频率，并从各个方面对二者进行了对比调查。调查结果表明，实心金字塔和空心金字塔发出了相似的雨滴声，如果不仔细听，根本听不出二者的区别。除声音相似外，两种声音的频率也很相近。这说明了一点，雨滴声不是由于金字塔的空心结构而产生的，而是当脚踏到台阶上时，声波顺着金字塔曲曲折折的表面结构沿楼梯下行时产生的。这种现象很容易用建筑学上的几何知识来解释。

听到这种声音之后，波士顿大学的一位建筑学家说，这些金字塔很可能是玛雅人用来"祈雨"的地方。即使这位建筑师说的是对的，但是这并不表明这些金字塔就是乐器，它们发出的声音也不是"演奏"出来的。

碑铭神庙：玛雅人的通天之路

玛雅文明大约延续了一千多年，其中 3 世纪到 9 世纪是鼎盛时期，后来因为托尔特克人的入侵而衰落。随着玛雅文明的没落，一座座古城被遗弃在丛林和深山中，直到千百年后才被一一发现，重见天日。位于墨西哥恰帕斯州北部的帕伦克古城就是如此，这座古城以精美的神庙建筑著称，其中最有名的要数碑铭神庙（图 70）。

碑铭神庙的名字是它的发现者起的，源自神庙中发现的众多铭文。在神庙的墙壁、台阶和柱子上，人们发现了大量铭文。但这些铭文到底说了些什么，至今还未完全破译，这也成为玛雅文明的第一道谜题。

碑铭神庙是一座精致的神庙，线条柔和，轮廓清晰。神庙平面呈长方形布局，高 28 米，共有 9 层台阶，金字塔样式。神庙背靠陡峭的山坡，借助自然地形修建，几乎是在一座山丘的基础上雕刻而成。一条 67 级的阶梯从底部直通顶部，顶部是传统的玛雅金字塔样式，有平台，平台上建有神庙。所谓神庙，是一个长方形的神殿，共有三个房间。神殿正面有 5 个门，都十分开阔。

神殿的墙壁和圆柱上都有浮雕装饰，墙壁上的浮雕是雕刻在石板上的，是将很多个石板连在一起的。浮雕的内容一方面比较写实，比如有妇女抱着孩子的形象，但同时又显得有些怪异，比如这些孩子多少都有些畸形，并且脸上戴着雨神的面具，脚下有蛇爬出。在玛雅文化中，蛇和雨水经常被联系

【图 70】 碑铭神庙

在一起，可能有祈雨的意思。除浮雕之外，神殿西墙石板上刻着很多象形文字，这是神庙铭文中字数最多的一处，有 620 个字。

原本人们认为这座神庙不过是一座殿堂，就像其他玛雅金字塔上的神庙一样，谁知这座神庙下面，也就是金字塔内部有秘密。1952 年，墨西哥考古学家阿尔维托·鲁兹在清理碑铭神庙时，偶然发现了神庙下面有一道隐蔽的阶梯。顺着这道阶梯下去，是一座国王墓室。

在阿尔维托·鲁兹之前，从没有人来过这里。国王墓室门前摆着一具石棺，里面装着五具青年人尸骨，有男有女。通过饰物可知，这五人都是出身贵族，可能是殉葬，也可能是一种惩罚，被迫害致死后葬在了这里。墓穴长 9 米，宽 4 米，顶部很高，因为光线原因看不到顶。这个宽敞的墓室其实是一个岩洞，墙壁和屋顶被打磨过，拱顶上有倒垂的钟乳石。在墓室的墙壁上，画着九个人物，这些人身穿华丽的服饰，头戴羽毛，脸上蒙着面具，腰带上有人头形象的装饰，腿上扎着绑腿，鞋子是平底鞋，此外脖子上、胸前、手腕、脚腕

【图71】 棺盖石雕拓片

上都有饰物；并且手里拿着蛇头权杖和装饰有太阳神的圆形盾牌。在玛雅文化中，有九层地狱的传说，可能这九个人就是每一层地狱的主宰者吧。

墓室中央摆放着一具石棺，石棺上面的长方形石板长 3.8 米，宽 2.2 米，刻有精美的浮雕，工艺精湛，是玛雅文明艺术品中最有名的作品之一（图71）。石板上面用象形文字讲述了一个神话故事，下面刻着象征死亡的图像。图像中的人呈现临死前的状态，瘦骨嶙峋，空洞的眼眶看上去十分恐怖。这是玛雅文化中的地神。此外，图像中还有很多有寓意的细节，比如象征死亡的贝壳和符号，象征生命的种子和果穗，以及象征生命起源的树枝、少年、十字架等。而这块石雕为人们打开了玛雅人的通天之路，也帮助人们理解玛雅文明的死亡哲学。

整个石棺的棺盖重达五吨，打开之后里面还有一层石板，石板上带有凹槽，不知道有什么用途。再打开这块石板，里面就是帕伦克王朝的巴加尔二世的尸骨了。通过尸骨可知，这位国王身高 1.73 米，去世的时候在 40 ~ 50 岁之间。尸骨头戴王冠，还戴着宝石制作的耳环、项链、手镯、戒指，佩戴着胸章。尸骨身上盖着一层用玉石装饰的饰品，脸上戴着装饰有贝壳和黑曜石的面罩。此外，在墓中还发现了权杖、太阳神盾牌等物品，说明这个人是当时的最高统治者。

"众神之城"特奥蒂瓦坎

特奥蒂瓦坎古城遗址位于墨西哥首都墨西哥城东北约 40 千米的地方，1987 年，被联合国教科文组织列入世界遗产名录。这座古城兴盛于六七世纪，是当时世界上最具规模的城市之一。

没有人知道这座古城原先叫什么名字，阿兹特克人发现这片古城遗址之后，将其命名为"特奥蒂瓦坎"，意思是"众神之城"。关于这座古城的起源，没有确切的记录，只能从遗址和出土的文物中推断出大约建于 1 世纪。这座城市在 7 世纪突然消亡，也没有人知道原因是什么。

在特奥蒂瓦坎古城内，有一条中轴线，长 4000 米，宽 45 米，呈南北走向，被称作"黄泉大道"（图 72）。之所以被称为"黄泉大道"，是因为当时阿兹特克人认为大道两旁的那些建筑是古代诸神的坟墓，其实并非如此。另外，黄泉大道的走向也并非正南正北，而是有 15 度左右的偏差。从整座城市严谨的布局来看，不可能是无意的偏差，考古学家认为这可能和当时的天文历法有关。

古城内的建筑主要分布在黄泉大道两侧，错落有致，其中比较有名的有太阳金字塔、月亮金字塔、蝴蝶宫、羽蛇庙，等等。

太阳金字塔位于黄泉大道东侧，是特奥蒂瓦坎古城遗址中最有名的建筑。这座金字塔高 66 米，塔底东西长 225 米，南北长 222 米，共有五层，体积达 100 万立方米，比埃及的胡夫金字塔还要大。这座金字塔用泥土和沙石建成，

【图 72】　特奥蒂瓦坎古城的黄泉大道

每一层表面都镶嵌了巨大的石板，石板上有题材丰富的浮雕。在塔顶上原本有一座太阳神庙，可惜后来被毁。据考证，当初这座太阳神庙金碧辉煌，神庙中有神坛，太阳神雕像立在神坛中央，面向东方，身上有金银和宝石装饰。

在太阳金字塔旁边，黄泉大道北侧，立着另外一座金字塔——月亮金字塔（图 73）。顾名思义，月亮金字塔是为祭祀月亮神而修建的。月亮金字塔的建成要比太阳金字塔大约晚 150 年，体积也比太阳金字塔要小，塔高 46 米，底层长 150 米，宽 120 米。月亮金字塔也是五层设计，分别建于不同时期，不过顶部已经坍塌。在月亮金字塔外部的石板上，绘有壁画，色彩斑斓。月亮金字塔前面是一个开阔的广场，南北长 205 米，东西宽 137 米，可同时容纳上万人。广场中央是一座方形祭台，这里是举行祭祀和宗教活动的场所。

【图73】 太阳金字塔和月亮金字塔

　　蝴蝶宫屹立在月亮广场以西，是古城中最奢华的建筑。在古时候，这里是上层的神职人员和贵族的住所。宫殿内部墙壁上的壁画完好无损，色彩跟当时一样艳丽。在中央大厅，圆柱上刻着鸟形象的浮雕，栩栩如生。蝴蝶宫内的房间十分对称，每座房子都是四方形，朝向也是正南正北，正东正西。在蝴蝶宫下面，人们发现了迄今为止特奥蒂瓦坎古城最古老的建筑——羽螺庙，庙里的墙壁上画着很多有羽毛装饰的海螺。羽螺庙边上还有一座"美洲豹宫"，宫门边的墙上画着两只蹲坐的美洲豹，豹头上有羽毛装饰，前爪握着海螺。

　　在黄泉大道南端，坐落着一座巨大的城堡建筑，城堡内有神庙、住宅、广场等建筑，其中最著名的便是广场中心的奎扎科特尔神庙。"奎扎科特尔"的意思是"羽蛇"，也就是长着羽毛的蛇，这是一种印第安人崇拜的神灵。在奎扎科特尔神庙中，到处可见羽蛇的雕像。这座神庙原本非常壮观，可惜已经坍塌，只残留了底座遗址。但即便如此，光是底座的遗址也足够让人震撼。底座共有六层，呈棱锥形，每一层都有众多羽蛇雕像，另有很多文字和图案，至今都未能完全破译。在这座神庙的前方和下方都曾发现过墓坑，埋葬其中的上百人都穿着士兵衣服，戴着士兵特有的装饰物，所以人们推断在古代这里专门举行和军事有关的祭祀活动。

直到今天，专家也没搞清楚为什么特奥蒂瓦坎古城被废弃了，人们好像是在一夜之间突然离开的。比较多的一种说法是因为缺水。当时生活在这里的人使用的是另外一种语言，也很少有文字记录传世，所以人们不知道古代的特奥蒂瓦坎人来自哪里，为什么修建了这座古城，后来又去了哪里。今天的特奥蒂瓦坎古城，用它宏伟又精巧的建筑给人们摆出了一个巨大的问号。

太阳金字塔中的天文知识

太阳金字塔的四个面正对着东南西北四个方向，显得十分庄重、威严。中午时分，太阳的光芒可以直射太阳金字塔的塔顶，傍晚的时候，太阳则正好在它的西边落下。一座金字塔如此精确地对准四个方向已令人寻味，但是研究过太阳金字塔的人发现太阳金字塔的天文方位更是令人震惊。

如果将祭祀太阳神的死者放在上层的厅堂上，天狼星的光线经过南边墙上的气流通道，可以直射在他的头部；北极星的光线经过北边墙上的气流通道，可以直射到下层厅堂。太阳金字塔本身还能体现古玛雅的历法。这座金字塔的四个面分别有91级台阶，四面总共有364级台阶，再加上塔顶的平台，正好是365级，这不正和一年的天数一致吗？九层塔座的阶梯又分为18个部分，这又正好是玛雅历一年的月数。

【图74】 马丘·比丘古城

"失落之城"马丘·比丘

马丘·比丘古城（图 74）被称为印加帝国的"失落之城"，位于安第斯山脉一条陡峭狭窄的山脊上，海拔 2400 米。如今，这里已经成为秘鲁最受欢迎的旅游地之一。

在印加语中，马丘·比丘的意思是"古老的山巅"，这与它所处的地理位置有关。马丘·比丘距当时的都城库斯科 120 千米左右，与库斯科之间有一条山间小路相连，被称作印加古道。比较普遍的一种看法认为，马丘·比丘是印加统治者帕查库蒂于 1440 年左右建立的。至于用途，有人说这座古城是贵族的庄园，尽管建有宫殿和神庙，还有很多生活设施，但真正住在这里的人并不多；还有一种说法，这座古城是当时的祭祀场所，因为人们在这里发现的上百具遗骨中，死去的男人是女人的十分之一——当时人们崇拜太阳神，会向太阳神进献活人，而女人因为被认为是太阳的贞女，所以进献的往往是女人。

1532 年，西班牙人攻入了印加古国，他们借着和国王谈判的机会杀了国王，从而征服了这个国家。西班牙人将这里视作殖民地，疯狂掠夺，马丘·比丘因为地势险要才躲过一劫。从那之后，这座古城便湮没在了荒山丛林之中，从人们的视野中消失了。1911 年，美国考古学家海勒姆·宾厄姆在寻找一些消失的印加古城时迷了路，偶然发现了马丘·比丘。至此，消失几百年的马丘·比丘重见天日，成为人们最熟知的印加古城。

马丘·比丘古城设施完备，无论是王宫、神庙、城堡，还是广场、大街、民宅，一应俱全，甚至还有公园和避难所。总的来讲，古城分为三个区域：梯田为主的农业区、神庙所在和贵族居住的上城区、仓库和普通民众居住的下城区。因为地势原因，古城内由很多台阶连接各处，这些台阶一般由花岗岩做成，最长的一处台阶有160级。

农业区位于古城东南，面积最大，占古城总面积的一半还要多。在农业区与城区之间有一条沟壑，也算是分界线。农业区主要由100多块梯田组成，这些梯田都用花岗岩巨石圈出。此外，农业区内还有先进的灌溉系统。

上城区位于古城的西边，主要建筑有神庙、祭坛，以及贵族的府邸，印加王宫和大塔楼也建在这里。在上城区中有一个磨坊区，主要功用是加工粮食。作为配套设施，磨坊区里有仓库和给工人的住处。三门厅是马丘·比丘古城中最大的建筑群之一，里面又分为16个小区。供奉大地女神的帕查妈妈神庙也坐落在这里，人们每年都会向她祈求丰收。

马丘·比丘城内有众多神庙，绝大部分位于上城区。主神庙有三面围墙，一面开放，东西两侧的围墙用巨石做地基，墙壁是用精心切割打磨过的石块堆砌而成的，神庙内还有石砌的祭坛；三窗庙在主神庙边上，因为有三扇巨窗而得名，这些窗户也都是用巨石叠加做成的。太阳神庙是印加人祭祀太阳的场所，不过这里的太阳神庙还有另外一个重要用途，那就是观测天文。太阳神庙中有一块石头，被称作"拴日石"，每年夏至的时候阳光都会准确地投射到这块石头上。拴日石在马丘·比丘人心目中的地位非常神圣，他们崇拜太阳，将自己视为太阳的子孙，也担心太阳落山之后不再升起，所以设立了这块拴日石，寓意将太阳拴住，永留人间。此外，人们还通过观察拴日石的投影，判断时间和日期，安排播种和收获，作用类似于中国古代的日晷。

下城区是平民居住和储藏物品的地方，建筑工艺同上城区相比明显粗糙很多。比较有意思的一座建筑是带有圆坑的石屋，起初考古学家认为这里是加工粮食的地方，后来认为石坑并非用来加工粮食，而是盛上水后观测月亮和星星。此外，下城区还有一座神鹰庙，是下城区唯一的神庙。神庙的地面上有鹰头形象的石刻，而神庙后面的巨石组成了两翼的形状，像是要展翅高飞一样。在神鹰庙后面的巨石中，曾经有人在壁龛中发现过木乃伊。

　　马丘·比丘古城中，绝大部分建筑都是用石材建成的，可以说这是一座石头城。当初生活在这里的印加人加工石料的水平非常高，他们将巨石打磨好，切割出想要的形状，然后严丝合缝地拼接到一起，不需要黏合，也不会留下缝隙，即便是刀片也难以插入。一些建筑中用到的石头重达上百吨，如何运输它们，到现在也是个谜。几百年来，当地经历的地震和山洪不计其数，但这座古城依然保持完好，不能不佩服当初工匠的高超技艺。

　　马丘·比丘古城尽管已经被发现了100多年，但是它给人们留下的震惊和谜团一直没有消失，每年都会吸引大量游客来这里参观。

印加文字

　　印加人只了解简单的象形文字和结绳记事，使用的是最为简便的方法，当然也没有完整的文字系统，流传下来的文学也多是口耳相传。以传说和戏剧为主，其中最著名的是《奥利扬泰》，流传十分广泛，在西班牙人侵入之前就已经开始口耳相传，后来到了殖民时代，还曾写成剧本，是世界古典文学名著中的重要组成部分。

　　如果不经意，一般人眼中的结绳文字仅仅只是一条条彩色杂乱的绳子，然而越来越多的专家却认为，结绳文字中可能隐藏着印加帝国消逝已久的秘密。在秘鲁的一个村庄中，每年族长都会把他们族群的结绳文字交给继承人，但这些文字却没有人能够读懂。有人认为，结绳上的色彩和结构在今天安第斯山脉仍作为速记形式在使用。现在考古学家们普遍认为，结绳文字记录了印加帝国的历史，但难以破解。

第十一章

信仰与死亡：
雅利安人的建筑空间

古印度是世界四大文明古国之一。这里是佛教和婆罗门教的发源地，历史上还曾受伊斯兰教统治，所以宗教建筑派别众多，风格多样，其中带有伊斯兰风格的泰姬陵更是成为印度乃至东方建筑的标志。东南亚地区建筑受印度影响很大，佛教建筑众多，有宏伟壮阔、被精美浮雕覆盖的吴哥窟，有用225万块石头堆砌成的婆罗浮屠塔，还有用7吨黄金装饰的仰光大金塔。

【图 75】 泰姬陵

"天国花园"泰姬陵

泰姬陵是 17 世纪莫卧儿帝国国王沙贾汗为他死去的妻子阿姬曼·芭奴修建的陵墓（图 75）。

16—19 世纪中期，印度北部存在着一个强大的帝国——莫卧儿帝国。沙贾汗是莫卧儿帝国最强盛时期的国王，1631 年，他的爱妻在分娩时死去，沙贾汗悲痛欲绝。他决定为爱妻修建一座陵墓，寄托哀思。

大约 1631 年，泰姬陵开始动工，建筑师是有名的拉何利。陵墓的地址被选在了亚穆纳河的转弯处，因为当地缺乏建筑所需的木材和石材，所以第一件要做的事是种树。十年之后，树木成材，拉何利又召集了能工巧匠两万人。这些人来自世界各地，这也是为什么泰姬陵体现了各种建筑风格的交汇特点。建筑所需的石材也来自各地，比如青金石来自阿富汗，绿松石、水晶和玉来自中国，蓝宝石来自斯里兰卡，玛瑙来自阿拉伯地区。据说，当时莫卧儿帝国动用了上千头大象，昼夜不息地往返各地搬运这些材料。

1653 年，泰姬陵宣告完工。建筑主要用料是纯白色大理石，上面镶嵌了多达 28 种宝石，使得整座建筑特别壮美。泰姬陵南北长 580 米，东西宽 305 米，占地约 17 万平方米，其中主体建筑高 70 多米。整座建筑由前庭、正门、花园、陵墓主体及两座清真寺组成。

在花园的中心，有一个显眼的十字形大理石水池，水池中有喷泉，周边种着柏树，在当时这种树寓意生死。进入正门，一条红色石头铺成的大道通往陵墓。陵墓坐落在巨大的大理石台基之上，这座台基高7米，长宽各95米。主殿坐落在台基中央，穹顶高耸入天，下面的陵壁呈八角形。在主殿的内部，墙上镶嵌着各种宝石按照一定的顺序排列的图案。主殿内部有五间寝宫，中间一座最大，里面陈设着两具石棺，一大一小，石棺下面有土窖，里面安葬着沙贾汗国王和他的妻子。在主殿中央的大理石石碑上刻着波斯文墓志："封号宫中翘楚泰姬·玛哈尔之墓"。

主殿的四周环绕着四座高塔，每座塔高达40米。这些塔并非直上直下，而是统一向外倾斜12度，这是一种人为的设计。因为这四座塔离主殿太近，为了避免地震中倒塌砸到主殿，所以设计成这个样子，让塔只会向外倒。

泰姬陵修建好之后，凡是见过的人无不被它的壮美震惊，尤其是它倒映在前面河面中的景象，别有一番风味。沙贾汗国王也为这座建筑着迷，他打算在泰姬陵的对面再修建一座一模一样的陵墓，选用纯黑色的大理石，让一白一黑两座建筑交相辉映。

1657年，沙贾汗的儿子篡位，沙贾汗被囚禁在离泰姬陵几千米远的红堡之内（图76）。在生命的最后几年里，他每天都遥望着远方的泰姬陵。沙贾汗去世之后，他的儿子将他葬在了泰姬陵中。

【图76】 红堡

世界上最大的庙宇——吴哥窟

吴哥窟也被称为吴哥寺，位于柬埔寨西北部，是世界上最大的庙宇。建筑宏伟壮观，浮雕精美丰富，1992年，被联合国教科文组织列入世界遗产名录。柬埔寨的国旗上有吴哥窟的标志，可见它对这个国家的意义。

12世纪中期，吴哥王朝国王苏耶跋摩二世在吴哥定都，因为他信奉毗湿奴，所以希望能建一座规模宏大的建筑，既作为寺庙，又作为都城。后来婆罗门主祭司诃罗为他设计了这座建筑，并经过几十年的修建，最终建成。建成之初，吴哥窟被称为"毗湿奴的神殿"。在接下来的几百年里，随着国王改信佛教，吴哥窟成了一座佛寺。

1431年，吴哥王朝因为暹罗入侵随之灭亡，后来迁都到了金边，吴哥窟被遗弃。吴哥窟逐渐被森林淹没，除了少数当地人，外界几乎不知道它的存在。1586年，一位西方旅行家偶然游历到了吴哥窟，但他的发现在西方没有引起重视。1857年，一位法国神父把吴哥窟写进了自己的游记中，同样没有引人注意。直到1861年，法国生物学家亨利·穆奥偶然发现了这座古城遗址，震惊不已，他在著作中夸赞这里比古希腊和古罗马留下的遗迹更让人震撼，这才引起外界的关注。随着世人目光不断投递到这里，这座被埋没了半个世纪的古城重新焕发光彩。

从布局上看，吴哥窟是一座长方形的城池，外面围有护城河，护城河里有围墙（图77），围墙之内葱葱郁郁，中心是一座金字塔式的祭坛。

【图 77】 俯瞰吴哥窟

吴哥窟的护城河围绕城池，呈长方形，东西长 1500 米，南北长 1300 米，
河面宽 190 米。护城河外岸有矮围墙，砂岩砌成。护城河在正东和正西各有
一道堤，通往城池的东门和西门。护城河距离城池有 30 米，城外是一道长围
墙。这道围墙东西长 1025 米，南北长 802 米，高 4.5 米。围墙正中有 230 米
长的柱廊，柱廊中央开有三座塔门，其中中间的塔门是正门。这些塔门十分
宽阔，能通行大象，所以也被称为象门。塔门的顶部原先有装饰物，但已经
残缺不全。除正面的塔门之外，围墙的其他三面也开有塔门，但都比较窄小，
少有人走。

围墙之内是一个大广场，面积有 82 公顷，主体建筑寺庙位于广场中心。
这片广场并非真正的广场，而是当初皇宫和其他建筑的遗址所在地。当初这
座城既是一座寺庙，也是国家都城，如今仅有寺庙保存下来，其他建筑大都
消失殆尽，成了现在广场的一部分。

从西边的正门进城之后，有一条大道通往城中央的寺庙。这条大道长
350 米，宽 9.5 米，高出地面 1.5 米。这条大道南北各有一个七头眼镜蛇保护
神，各有一座藏经阁，还各有一座水池。

大道尽头是金字塔式的寺庙（图 78）。寺庙共有三层，越往上面积越小，
每一层都设有回廊。有人认为三层须弥台分别象征着国王、婆罗门和月亮、
毗湿奴，而三层须弥台组成的这座金字塔式的寺庙则象征着古印度神话中的
须弥山，那是世界的中心。因此，城外的护城河又被认为象征须弥山外的咸
海。上面两层须弥台的位置并不是位于下一层的正中央，而是偏向东边一侧，
这主要是考虑到朝向的问题，东边的台阶会比西边的陡一些。在金字塔式寺
庙的顶层，矗立着五座宝塔，象征着须弥山上的五座山峰。这五座宝塔呈梅
花点状分布，中间的宝塔最大，各塔之间距离开阔，有游廊连接。

吴哥窟的布局严格遵守对称的美学要求。首先是以中轴线为中心的南北
对称，无论是护城河、围墙、塔门、通往寺庙的大道，还是大道两侧的守护
神、藏经阁、水池，以及金字塔状寺庙，都十分对称；再就是难度更高的旋
转对称，从东、南、西、北四面看去，整座建筑是对称的，从西北、西南、
东北、东南四个角看去，整座建筑还是一样的。

【图78】 吴哥窟中央宝塔

吴哥窟将古代建筑技艺发挥到了极致，用传统的宝塔、回廊、祭坛等和谐统一地组合到了一起，并且规模宏大、布局对称、细节精美，是柬埔寨高棉建筑艺术的巅峰。

柬埔寨国旗

柬埔寨的国旗主体颜色为红色和蓝色，其红色宽面中间绘有白色镶金边的吴哥庙，吴哥庙象征柬埔寨悠久的历史和古老的文化。吴哥窟所属的吴哥古迹与中国的长城、印度泰姬陵和印度尼西亚的婆罗浮屠塔并称为东方四大奇迹。吴哥古迹的精髓在大、小吴哥，如今所说的吴哥窟其实是小吴哥，也是所有吴哥古迹中保存最完好的庙宇。吴哥窟曾被这样赞誉："可比美世界上任何最杰出的建筑成就，而毫不逊色。"

山丘上的寺院——婆罗浮屠塔

　　"婆罗浮屠塔"是梵文的音译，意思是"山丘上的寺院"，它位于印度尼西亚爪哇岛中部马吉冷婆罗浮屠村，修建在一个小山丘上。这里距离印度尼西亚首都雅加达 400 千米，距离日惹市 30 千米。

　　婆罗浮屠塔（图 79）修建于 8 世纪，当时夏连特王朝统治者决定皈依大乘佛教，为了表示虔诚，也有一说是为了供奉释迦牟尼的舍利子，决定修建一座举世无双的佛塔。为了修建这座佛塔，人们搬运了大约 225 万块岩石，其中底层的岩石每块就有 1 吨重。据说动用的奴隶超过 10 万，其他能工巧匠不计其数，工期七八十年。

　　婆罗浮屠塔又被称为"千佛坛"，因为式样的原因，也被称为"印尼的金字塔"。婆罗浮屠塔非常雄伟，外形像金字塔，但是每一层之间呈阶梯状，上下共分九层。九层中上面三层呈圆形，下面的六层既不是方形，也不是圆形，看上去更接近方形，但并没有直角，可能是一种建筑样式上的创新，也可能仅仅是为了方便信徒们绕着走。

　　其实说下面是六层并不准确，更准确的说法是下面五层加上一个台基。台基之上的五层，每一层都有围墙，形成走廊，里面到处是繁复的雕刻，内容多以表现佛陀生活为主。上面三层则竖立着钟形的佛塔，其中第七层有 32 座，第八层有 24 座，第九层有 16 座，共计 72 座。这些佛塔都有佛龛，里面供奉着真人大小的佛像。据说摸到这些佛龛内的佛像会给人带来好运，所以

【图 79】 婆罗浮屠塔

会有很多人向里面伸手祈福。顶层的主佛塔呈钟形，气势磅礴，直径将近 10 米，据说最初有 42 米高，后来被雷击中，只剩下约 35 米。

婆罗浮屠塔回廊和栏杆上的浮雕是一大特色（图 80）。据统计，婆罗浮屠塔共有浮雕 2500 幅，全部展开长达 4000 米。这些浮雕多取材于佛教历史，很多都是关于佛祖生前的故事，比较有名的是"佛祖降临"。在一组浮雕中，佛祖先是跟天神在一起，做好了降临世间的准备，之后出现了他的母亲，这位母亲梦见了自己的儿子，并且知道他将成为世间的拯救者。在第一层到第五层的回廊浮雕中，还保留着珍贵的佛教经典作品《佛传》《本生事》《华严五十三参之图》等。

这些浮雕还大量反映了当地人民的生活、生产和风俗，还有一些栩栩如生的动物，如大象、孔雀、狮子，以及丰富的热带植物和水果。正是因为其丰富性，这些浮雕被称作印尼"石块上的史诗"。

婆罗浮屠塔上的佛像雕刻也是一大看点，这些雕刻共有 432 座，大都跟真人一般大小，盘腿打坐。这些佛像的朝向一律向外，并且每个方位的佛像动作不一样，其中的蕴意也不一样。东边的佛像左手放在膝盖上，右手指向地下，这个姿势表示是在降魔，象征着通过降魔悟得道理；南边的佛像手臂下垂，手掌向外翻；西边的佛像同样手臂下垂，但是两只手叠放在一起；而北边的佛像左臂举起，右臂向外。

不仅仅是佛像如此讲究，在婆罗浮屠塔佛教徒的出入方向也有规定，一般是从东边进入，按照顺时针绕行，最终抵达塔顶。这样走寓意人类一步步战胜困难，抵达完美世界。

婆罗浮屠塔尽管如此宏伟，如此有声势，在历史上还是沉寂了很长一段时间。随着伊斯兰教逐渐传入印尼，佛教的影响力越来越小，婆罗浮屠塔的地位也大不如前。加上婆罗浮屠塔周边有四座火山，喷出的火山灰及丛莽慢慢将婆罗浮屠塔掩埋，时间一久，人们也就忘了这处遗迹。直到 1814 年，当时英国驻爪哇总督发现了这座佛塔，它才重新回到人们的视线中。人们清理了杂草、碎石和火山灰，将这座塔的全貌逐渐呈现在人们面前，漫长的清理和修复工作也由此展开。

【图 80】　婆罗浮屠塔浮雕

　　我们今天所见的最上层三个圆台是 20 世纪初荷兰考古学家修复的。后来联合国教科文组织发起了一项呼吁，要求各国考古工作者提供帮助，解决婆罗浮屠塔面临坍塌的危险。最终有 27 个国家提供了帮助，用了将近十年的时间对婆罗浮屠塔进行修复，将一些不在原来位置上的石块复位，前后共挪动过了超过 100 万块石头。20 世纪 90 年代初，婆罗浮屠塔被联合国教科文组织列入了世界遗产名录。

史上最贵佛塔——仰光大金塔

仰光大金塔（图 81）是缅甸最有名的佛塔，与印度尼西亚的婆罗浮屠塔和柬埔寨的吴哥窟齐名，是东方建筑艺术的瑰宝。缅甸人称大金塔为"瑞大光塔"，其中"瑞"的意思是"金"，"大光"则是仰光的旧称。大金塔被缅甸视作民族的骄傲，国家的象征。

关于大金塔的起源，一直颇有争议。考古学家认为，这座塔最早建于6—10 世纪之间，而一些古籍上则说早在佛祖去世之前这座塔便已经存在了，也就是建于公元前 486 年之前。还有一种说法，这座塔建于公元前 585 年，最初只是一座 20 米高的佛塔，并不起眼，在之后的时间里，历代帝王都对其进行了修缮和扩建，达到了今天的规模。

15 世纪的时候，德彬瑞体国王拿出了相当于自己和王后体重四倍的金子和宝石，对这座塔进行了一次豪华的装饰。1774 年，阿瑙帕雅王的儿子辛漂信王再次修复这座塔，使其达到了 112 米，并且在塔顶上安装了新的金伞。在之后的岁月里，这座塔几次毁于地震，但都被修复了。

大金塔由 1 座主塔、4 座中塔和 68 座小塔组成。大金塔东南西北四个方向都有大门，门前有石狮子守门，带有典型的东南亚风格。进门之后，有通往塔顶的石阶。这些石阶是长廊式的，两旁是小贩的摊位，既有与佛有关的用品，也有各种当地特色的小吃。上了石阶之后是一个平台，用大理石铺成，平台中央的主塔中供奉着佛像。这尊佛像由玉石刻成，惟妙惟肖，此外还有

【图81】 仰光大金塔

一尊罗刹像。

大金塔塔顶上的金伞是塔的一大亮点。金伞上面镶有5000多颗钻石、2000多颗红宝石、500多颗翡翠、400多颗金刚钻。其中塔尖上的那颗金刚钻重达76克拉，星光璀璨。整座金塔的塔顶金碧辉煌，耀眼夺目。

大金塔之所以得名，就是因为塔身被金子覆盖。据统计，大金塔上面所用的金子重达7吨。不仅塔顶宝石璀璨，塔身还被金砖覆盖，就连塔底也是先由砖块砌成，然后再铺上金块。大金塔所用的金子既有国王拨付的，也有百姓捐赠的。

　　大金塔的主塔周边有 68 座小塔环绕，这些体积偏小的塔样式不一，用料不一，各具形态。有的是石头建的，有的是木料建的；有的像钟，有的像船。每座小塔都有佛龛，里面供奉着形态各异的佛像。另外，塔身下面都有当地特色的狮身人面像雕塑。

　　大金塔的东北角和西北角都有一口古钟，是 18 世纪的两位国王捐赠的，敲响钟声被视为吉祥的象征。在大金塔的东南角，种有一棵菩提树，据说这棵树曾经种在佛祖释迦牟尼的金刚宝座边上。塔身的另外一边有一座中国风格的庙宇，名为福惠宫，建于清代光绪年间，由当地华侨捐款兴建。大金塔的南边是一座陈列馆，里面展示了各地教徒的捐赠物。历经岁月沧桑，这些大金塔周边的建筑物和景致也都成了大金塔建筑的一部分。

　　大金塔在缅甸人心目中地位非常神圣，每逢重大节日，人们便聚集到这里来拜佛，进入佛塔的时候需要赤脚，无论你的职位有多高，都不能例外。

　　除宗教上的意义之外，大金塔也是缅甸历史的见证者。17 世纪的时候，西方人第一次对大金塔实施破坏。1824 年 5 月，大英帝国侵占仰光，将大金塔作为司令部。占领期间大金塔损毁严重，塔身下面更是被开洞用作弹药库。在缅甸争取民族独立的过程中，大金塔被当作学生和民兵的驻扎基地。如今的大金塔不仅四个入口和走廊被拓宽，还在四面加装了玻璃电梯，方便人们参观。站在大金塔的顶端，整个仰光的景色都会尽收眼底，让人在一派金色中体会缅甸这片土地上的风土和人情。

大金塔的尊贵之源

　　你知道为什么大金塔上贴有那么多黄金吗？原来，缅甸信徒捐出金砖或者直接将金箔贴于佛塔来表示他们的虔诚。塔身贴有 1000 多张纯金箔，四周挂有 1.5 万多个金、银铃铛。这里之所以是信众的圣地，是因为大金塔珍藏着八根释迦牟尼的头发，供奉着拘留孙佛的法杖、正等觉金寂佛的净水器和迦叶佛的袈裟。

给孩子的中外建筑史

出 品 人 | 高 欣   品牌运营 | 孙 莉

销售总监 | 彭美娜   执行编辑 | 陈 静

营销编辑 | 王晓琦   装帧设计 | 高高国际

版式编辑 | 周 芳   制作编辑 | 李 雁

印制统筹 | 尹 兰

微信公号 | 高高国际

法律顾问 | 北京市百瑞律师事务所 贺芳 律师